环境艺术设计与美学研究

曹天彦◎著

·北京·

图书在版编目（CIP）数据

环境艺术设计与美学研究 / 曹天彦著 . -- 北京 ：
文化发展出版社，2024. 6. -- ISBN 978-7-5142-4376-5
Ⅰ . TU-856
中国国家版本馆 CIP 数据核字第 2024FA2285 号

环境艺术设计与美学研究

曹天彦　著

出 版 人：宋　娜
责任编辑：袁兆英　　　　　责任校对：岳智勇
责任印制：邓辉明　　　　　封面设计：谢婉莹
出版发行：文化发展出版社（北京市翠微路 2 号　邮编：100036）
网　　址：www.wenhuafazhan.com
经　　销：全国新华书店
印　　刷：天津和萱印刷有限公司

开　　本：710mm × 1000mm　1/16
字　　数：182 千字
印　　张：10.25
版　　次：2025 年 1 月第 1 版
印　　次：2025 年 1 月第 1 次印刷

定　　价：72.00 元
I S B N：978-7-5142-4376-5

◆ 如有印装质量问题，请电话联系：010-58484999

前言

环境艺术设计是指以为社会公众创造更好的生存、生活、发展环境为目的的整体设计，是营造理想生活空间的设计行为和设计方法。环境艺术设计的特征在于其跨越多种学科的综合性和协调性等构成要素之间的整体性。它所涉及的学科很广泛，主要有建筑学、城市规划学、景观设计学、人类工程学、环境行为学、环境心理学、设计美学、环境美学、社会学、文化学、民族学、史学、考古学、环境行为学等。

环境艺术不是纯欣赏的艺术，而是人创造的、用于人类生活的、艺术化的、生存环境空间的艺术，它始终与实践联系在一起，并与工程技术密切相关，是功能、艺术与技术的统一体。环境艺术设计的主体是人，人与环境之间相互联系、相互作用、相互影响，从而形成了既对立又统一的关系。

随着社会的不断发展，人类对环境的要求越来越高。如何将自己的生存空间与自然和构筑物完美地结合在一起，是当代设计师所面临的问题，也是环境艺术设计产生的根源。从审美的角度研究和探讨人们生产生活的环境，寻找美的规律与表现是现代设计美学所要研究的问题。现代环境艺术设计的美学价值不仅是一般意义上的设计实现，还表现为提高人的精神境界、促进人的全面发展和促进人与环境的和谐发展，让人们的生活变得更加美好。

本书立足环境艺术设计，对其审美进行研究。全书共五章。第一章为环境艺术设计概述，分别介绍了环境艺术设计的相关概念、环境艺术设计的目的、环境艺术设计的风格和原则、环境艺术设计的发展趋势。第二章为环境艺术设计的要素、思维与方法，从要素、思维、方法三方面对环境艺术设计进行深入介绍。第三章介绍了环境艺术设计中的美学规律与生态美学，阐述了环境艺术设计中的美学规律、生态美学。第四章为中国传统美学思想在环境艺术设计中的体现，包括儒家设计美学、道家设计美学、禅宗设计美学。最后一章为中国传统美学在不同环境艺术设计中的应用，详细介绍了室内环境设计中的中国传统美学、风景园林设计中的中国传统美学、建筑装饰设计中的中国传统美学、城市环境设计中的中国传统美学。

在撰写本书的过程中，作者参考了大量的学术文献，得到了许多专家学者的帮助，在此表示真诚的感谢。由于作者水平有限，书中难免有疏漏之处，希望广大同行及时指正。

曹天彦

2023 年 6 月

目录

第一章　环境艺术设计概述

本章对环境艺术设计进行了系统的概述，主要内容包括环境艺术设计的相关概念、环境艺术设计的目的、环境艺术设计的风格和原则、环境艺术设计的发展趋势。

第一节　环境艺术设计的相关概念

一、环境的概念

环境是一个极其广泛的概念，它的范围涉及艺术与科学两大领域，并能够借助自然科学、人文科学的各种成果进行发展。从宏观层面上，我们可以按照环境的规模及与生活关系的远近，把环境划分为四个不同的层次：聚落、地理、地质和宇宙。在这四个层次中，聚落是人类社会的核心，它不仅影响我们的日常生活，还是环境艺术设计的重点。聚居地的环境由自然环境、人工环境及人文社会环境组成。

（一）自然环境

自然环境，也被称为地理环境，是指人类社会所处的自然界，它包含了生产资料、劳动对象及其他各种自然条件，既是人类生存、发展和进步的基础，也是社会发展的必要条件。

地球生态圈所呈现出的不同自然环境，是岩石圈、大气圈、水圈运动变化的结果。地震火山、沧海桑田、风雪雨雾、雷鸣电闪演化出各异的自然现象；高山平原、河流湖泊、森林草原、冰川沙漠构成各异的自然形态。

地球生态圈就像一台复杂的机器，太阳光是它运转的动力源，并为所有生物提供了能量。植物作为生产者，吸收二氧化碳、水和矿物质，在叶绿素的作用下，将这些能量转化为化学能，并将其储存在体内，以维持生命。随着人类不断发展，光合作用已经成为生物能量流动的重要组成部分，而动物则只能依靠捕食植物和其他动物来获取能量，从而成为消耗者。然而，当人类进化到比任何动物都强大进而掌控整个世界的时候，人类就成为最终的消耗者。

生态圈是一个自然循环的平衡系统。生长在同一地区相互供养的动植物群体所形成的食物链构成食物网。每个小的生态系统都在循环中进化。地球生态圈正是由许多这样的系统构成的物质大循环，而水、碳、氮、氧等物质的循环又成为自然界中最基本、最重要的循环。人类作为最终的消耗者，如果只是一味地向自然界索取，甚至彻底打破自然循环的平衡系统，那么自然环境将报复人类。

自然环境是人类社会赖以生存和发展的基础，并且对人类有着巨大的经济价值、生态价值以及科学、艺术、历史、游览、观赏等方面的价值。对自然环境的认识因东西方文化背景差异而有所不同，欧洲古典文化中，自然作为人类的对立面出现，其中古希腊哲学家柏拉图的“洞穴理论”表达了这一矛盾关系；而在中国古代文化中“天人合一”的理念认为，自然不仅仅是一种客观存在，更是一种具有生命的存在，它不仅仅涉及人类的内心，更涉及外部的客观环境，它代表着一种超越时空的客观存在。在唐代《黄帝宅经》中对住宅与周边环境的关系有这样的描述：“宅以形势为身体，以泉水为血脉，以土地为皮肉，以草木为毛发，以舍屋为衣服，以门户为冠带。若得如斯，是事严雅，乃为上吉。”[①] 这段话是说，住宅的地形地势就像我们的身体，河流水系就像我们的血液，土地高山就像我们的肌肉，草木花卉就像我们的毛发，房屋建筑就像我们的衣服，门窗就像我们的帽子和腰带，它们构成了我们的生活。如果这些都能够得到妥善处理，既庄严又文雅，那就会更加吉祥。古人这种追求人与自然和谐关系的自然观对今天的环境设计仍然有着重要的指导意义。

（二）人工环境

人工环境是指经过人为改造的自然环境（如耕田、风景区、自然保护区等），或经过人工设计和建造的建筑物、构筑物、景观及各类环境设施等，适合人类自身生活的环境。建筑物包括工业建筑、居住建筑、办公建筑、商业建筑、教育建筑、文化娱乐建筑、观演建筑、医疗建筑等多种类型；构筑物包括道路、桥梁、堤坝、塔等；景观包括公园、滨水区、广场、街道、住宅小区环境、庭院等；环境设施则包括环境艺术品和公共服务设施。人工环境是人类文明发展的产物，也是人与自然环境之间辩证关系的见证。

---

① 张述任．黄帝宅经：风水心得[M]．北京：团结出版社，2009.

根据人类活动与自然环境的融合程度来划分建筑发展的阶段，以下是它的演变过程：

①在渔猎采集时期，生产工具极其简陋，贫乏的生活方式和落后的生产力使得当时的人类无法建造出像样的建筑。正如《韩非子·五蠹》记载："上古之世，人民少而禽兽众，人民不胜禽兽虫蛇。有圣人作，构木为巢以避群害，而民悦之，使王天下，号曰'有巢氏'。"[①] 因此，当时的人工环境非常原始，基本上处于与自然环境融合的原始状态。

②在农耕时期，建筑的单体形制、群体组合、比例尺度、细部装饰等方面都达到了极高的水准，许多世界文化名城因此建成。空间构成与自然环境完美融合，采暖通风设施也保持着原始的状态，从而减少了建筑本身消耗的自然资源，同时也减少了有害排放物的产生，而且由于人口数量有限，建筑的规模也相对较小，使得整体建筑更具有历史意义，成为当时最具代表性的建筑之一。随着科技的进步，农耕时代的人工环境已经不仅仅局限于生产性建筑，而是更加注重与自然环境的和谐共存，从而使得人们的生活质量得到了显著提升。

③随着工业化的发展，人类的生产方式发生了巨大的变化。大量的机器的使用极大地提高了生产效率，并加速了社会分工。城市化的发展也使得建筑类型变得更加多样化，建筑空间的功能需求也变得更加复杂，农耕时代的传统建筑形式已经难以满足新的功能需求。随着功能需求的不断提升，"形式随从功能""住宅是居住的机器"等现代主义建筑理论的出现，为现代建筑的发展提供了强有力的推动力。钢筋混凝土框架结构和玻璃的广泛应用，使建筑获得了更大的内部空间，而且空间形式也变得更加灵活多变，打破了农耕时代传统建筑的呆板布局，进而创造出功能实用、造型简洁的建筑样式。

在这个时期，从建筑的数量到规模都取得了空前的进步。大批的工业化建筑拔地而起，机械的轰鸣声响彻整片天空，高耸的烟囱在空中矗立，它们是当时的荣耀和象征。同时，许多住宅和公共建筑也开始安装人工的采暖通风系统，形成了完全封闭的人工环境。尽管现代社会的物质生活水平已经大大提升，但是由于人类不尊重自然规律，这种"自私"的行为也让我们付出了沉重的代价。温室气体排放增加，大气污染加剧，臭氧层被破坏，给人类带来了极大的威胁，甚至可能会引发一场国际性的生态危机。经过多年的发展，我们发现，在工业化的今天，人类的活动并没有真正与自然和谐共存。

① 韩非．韩非子[M]．北京：民主与建设出版社，2017.

人与自然关系的发展历程起源于距今10000年以前，当时人类以渔、猎等方式采食天然动植物，处于自然生态系统食物链中的天然环节——人与自然共处；距今10000～250年时，人类获得了基本的生存条件和食物供给，初步稳定繁衍并进入简单再生产的初级循环——人与自然互动；距今250～0年时，人类依靠工业革命提高了获取自然资源的能力，消费欲望高度膨胀，生产力快速发展，随之而来的问题是人口剧增、资源短缺和环境恶化问题——人与自然对立。人工环境还将继续发展，人如何与自然环境共融共生，将是我们考虑的重要问题。

（三）人文社会环境

人文社会环境是指由人类社会的政治、经济、哲学等因素形成的文化和精神环境。在人类社会漫长的历史进程中，在不同的自然环境和地域特征的相互作用下，形成了不同的生活方式和风俗习惯，造就了不同的民族和文化。而特定的人文社会环境反过来也影响人与自然的关系，影响地域人工环境的形成和风格。

原始社会是人类历史上最古老的社会形态，它以原始公社所有制为基础，经历了漫长的时间，从旧石器时代一直延续至新石器时代。原始公社所有制是渔猎采集时期的主要制度。在原始社会中，人们只有社会性，而没有政治性，因此他们的人文环境非常简单。在这种情况下，人们只能建造一些简陋的建筑群落来作为他们的栖身之所。

奴隶社会是人类历史上第一个出现阶级的社会形态。这个社会以奴隶主为中心，奴隶主控制着生产资料和劳动力。由于奴隶社会政治权力高度集中，人们不得不无偿地使用劳动力，这一时期的人工环境中出现了大量公共建筑和住宅建筑，形成了宏伟的城市。在这种社会环境中，神被赋予了极其重要的地位，人工环境中的许多建筑物都能体现出“神”的概念。

封建社会是人类历史上较复杂的阶级结构，它以封建领主控制土地、剥削农民的剩余劳动力为基础，农民拥有较大的自由，他们可以通过农业生产来获得财富，但他们的生产效率也受到其他因素的影响，他们积极的劳动状态促进了社会的发展和进步。封建社会在东西方的形成和发展中，呈现出完全不同的形态。在东方，专制的中央集权统一封建大帝国是政治统治的主要形式；而在西方，整个中世纪完全处于封建分裂状态，教会统治成为政治的主要形式，由此形成了东西方不同的人文社会环境。在封建社会，宫廷建筑和宗教建筑是人工环境的主要组成部分，这些建筑强化了封建社会的结构，并且在皇权和神权的共同作用下，人工环境中的建筑呈现出明显的等级差异。

资本主义社会源自地中海沿岸的地中海文明，它的起源可追溯到14世纪和15世纪，而在随后的17、18世纪，它的特点是资本家们通过垄断和剥削来获取财富，从而形成了一种独特的经济结构。在经过对广大农民和手工业者的生产资料剥夺和资本的原始积累后，随着大工业的机器轰鸣，19世纪末至20世纪初，西方国家实现了从自由竞争资本主义向垄断资本主义的转变，使资本主义社会成为工业化进程的结果。通过实施自由市场经济，企业可以利用超出消费的资金来提高生产效率，从而推动经济发展，而非将社会财富投入金字塔、大教堂等非生产项目的营建中，在这一时期，社会生产力得以迅速发展，人工环境也受到了巨大的影响。在这种人工环境影响下，建筑开始进入一个崭新的阶段。人类的需求已经成为衡量建筑品质的重要标准，功能性被放在了第一位。这种情况推动了人工环境的发展，形成了一个由居住建筑、公共建筑和生产性建筑组成的密集的超大城市群落，并引发了一定的环境污染问题。

社会主义社会是一个充满活力的社会，它以共同的物质生产活动为基础，拉近了人们之间的相互联系。人们以群居的方式生活，这种生活方式不仅丰富了人们的日常生活，也为艺术设计者提供了更多的创作机会，使社会变得更加丰富多彩。了解当下社会环境的复杂性和多样性，是艺术设计者进行创造的基础。他们要勇于接受挑战，不断探索新的可能性，从而实现自身价值的最大化。只有融入社会环境，艺术设计者才能真正实现自我价值。

现代艺术设计是工业化社会的重要组成部分，它不仅反映了当时的生产关系和生产力，而且也深深地影响着后来者。因此，艺术设计的创意和设计理念只有在被转化为实际产品时，才能真正体现出它的社会价值。显而易见，艺术产品和艺术设计产品有着本质的区别。艺术设计的创造力体现在它们最终形成的实用产品上，这些产品既具有实际的功能，也具有精神上的意义。仅仅停留在脑海中或者仅仅在纸面上表现出来的创作对于艺术设计来说是毫无意义的。

二、艺术与设计

艺术，即人类通过审美创造活动再现现实和表现情感的方法。具体来说，它是对人们的现实生活和精神世界的反映，也是艺术家们对感知、理想、意念等综合心理活动的有机产物。艺术有不同的表现形式。艺术载体有建筑、美术、音乐、舞蹈、影视、戏剧等，并由此发展出从个人到团体不同形态的创作与表演组织，通过不同传播方式推向社会。

在中国，“设计”一词原与军事有很深的渊源。《十一家注孙子校理》中有云：“计者，选将、量敌、度地、料卒远近、险易，计于庙堂也。”[①]“设计”强调了两个重要方面：一方面，它是一个有效的计划，其目标是明确的；另一方面，它也是一个有效的指导过程，既要考虑设计思想，也要考虑如何操控设计思想。

英文的“design”来源于拉丁语的“desinare”。这个词在英语中既是动词又是名词。自文艺复兴起，西方话语体系中的“设计”开始与美术相关，而且与科学理性的训练方式有关。1788 年出版的《大不列颠百科辞典》对“设计”的解释是，艺术作品的线条、形状，在比例、动态和审美方面的协调。

1975 年，工业文明的兴起为现代设计理论和实践提供了重要的基础，现代设计包括现代建筑、工业产品设计、平面设计、服装设计等，这些设计在经历了工艺美术、新艺术、装饰艺术、现代主义和后现代主义等多种潮流的洗礼后，不断得到完善和发展。现代设计与传统设计有着显著的不同，它更加适应机器化大规模生产的需求。这种分工明确的设计理念，对推动设计发展成一门独立的学科具有重要的意义。

20 世纪初到 20 世纪 30 年代，由于现代科学的飞速发展，现代主义设计风潮席卷欧美，格罗皮乌斯（Gropius）、赖特（Wright）等一批杰出的设计师不仅改变了当时的设计思想，而且也为现代设计的发展提供了重要的理论支撑。他们提出的功能主义概念、精确的科技手段、精致的审美观念，为当今的现代设计带来了全新的发展。随着包豪斯现代设计教育体系的发展，它的影响力不仅仅局限于美国，而是蔓延到世界各地。20 世纪 30 年代以后，大量设计师纷纷移民到美国，现代主义设计运动以美国为中心，形成了国际主义设计风格，这种新的设计理念改变了人们的生活方式、消费习惯和审美观念。在 20 世纪 70 年代之前，其独特的设计理念、原则和风格一直是国际设计界的主流，并为后续的设计理论和实践提供了重要的参考和指导。

现代艺术设计各专业的产生，一定程度上是工业化的结果，如以印刷品为代表的平面包装设计、以日用器物为代表的工业产品造型设计、以建筑和室内为代表的空间设计、以手机应用程序（App）为代表的视觉传达设计、以动画大片为代表的动画设计。这些专业体现出大批量、标准化、通用化等工业生产特征，并以单一系统的产品显现其最终的价值。人的精神审美与行为功能需求构成了艺术设计工作的大部分内容。可以说，设计是一种将复杂的外在环境、情绪、思想等结合起来，形成一种有机的、具有艺术性的整体，以满足人们的情感和行为需求

① 孙武．十一家注孙子校理 [M]．曹操，等注，杨丙安，校理．北京：中华书局，2016.

的实践活动。它的核心目标在于将知识与情感有机结合，使之变得更加有序、有效。通过这种实践活动，我们可以将艺术的形式美学和科学的理论有机地结合起来，从而使设计的艺术体系更完整。

三、环境艺术设计的概念

相较于建筑学、美学史等经历过相当长历史发展时期的学科而言，环境艺术设计是一门新兴的设计学科与行业。它是以环境与人的关系为主要研究对象的综合性艺术学科。从这个学科专业的名称出发，首先，它被限定在“环境”这个广阔的范围中。这是一个特定的研究对象和领域。其次，它是在这个既定的范围内进行的“艺术设计创造”。这指出了学科专业是一门应用性学科门类，并且与艺术结合，是偏重于这个方向的，而不是将专业侧重点定位在技术方面或是其他方面。

对于环境艺术设计的概念，从不同的角度出发，有着不同的理解。比如，对环境中各类要素（包括自然要素与人工要素）的关系进行分析研究，并通过艺术的手法进行一定的处理，以达到对于环境中的人产生某种积极意义的目标，那么从这个角度理解的环境艺术设计是侧重于“处理关系的艺术”；如果从美学角度出发，环境艺术设计的目的在于通过积极探索并重新组合，创造出环境各要素间新的良好关系，使所产生的整体艺术效果为环境带来美好的意义，那么从这个角度理解的环境艺术设计则可以称之为“美的艺术”；如果从时空角度出发，与设计相关的环境各要素（如时间、具体空间场所等），以及环境中的人都是不断变化的，这决定了环境艺术设计是一个富于动态的艺术创作过程，是一种“时空表现的艺术”；还有从人的认知角度出发，整个环境艺术设计的过程从对于空间环境的感知开始，经历设计阶段的理性思考与感性思维，并最终形成良好、积极的设计成果，则可以认为，环境艺术设计在这个层面内，是一种“感性与理性相结合的创造性艺术”等。这些对于环境艺术设计概念的理解，都是在一定的客观角度之上得出的。

在环境艺术设计的发展进程中探寻对其概念的界定，有一定的复杂性。在我国，不同历史发展时期对这门新兴的设计学科与行业曾有过不同的名称与表述。20 世纪 80 年代以前，这一学科直接被称为“室内艺术设计”或“室内环境设计”，环境艺术设计师主要从事建筑内部环境的装修与布置。可以说，在发展初期的一段时间之内，“环境艺术设计”这一学科名目的研究范围被缩小了。当然，这是由时代的局限所造成的，是必然的过程。随着学科的发展，其研究领域逐渐扩大到包括室外空间环境的整体设计，开始脱离“室内设计”这一单一概念的局限。对于环境艺术设计学科而言，这是长足的进步。虽然很多人认为“环境艺术”涵盖的范围应该更大，这种研究领域的涵盖范围仍然不够全面，但是环境艺术设计要向着综合性、全面性进发的发展方向是很明确的，是科学的。近年来，环境艺术设计进一步发展，随着“以人为本”和“可持续发展”等口号逐渐深入人心，环境艺术设计的专业研究领域不仅仅涉及室内外具体的环境，而且在此基础上越发关注生态文明、发展良性循环、环境心理的调节与控制等与环境息息相关的各类因素，研究内容更为全面。

在国外，也有一些研究人士给出了对于环境艺术设计的理解。例如，美国的环境艺术理论家认为环境艺术设计比建筑所涉及的范围更大，是一种实用艺术，这种艺术实践与人的机能密切联系，使人们周围的事物有了视觉秩序而且加强和表现出人所拥有的领域。这是一种基于理论研究与实践工作基础之上的评论，虽然没有清晰地对环境艺术设计下定义，但是诸多这样的评论却能够给我们带来很好的启示。

综合以上的阐述，我们对于环境艺术设计的概念有了一个基本的认识。“环境艺术”是一种以自然环境为基础，结合现代环境科学研究成果，以协调自然、人工、社会三类环境之间关系为追求的创新性设计，旨在为人类生存环境带来美的享受。“环境设计”则是一种以自然环境为基础，结合现代环境科学研究成果，以及协调三类环境之间关系，使其达到最佳运行状态的设计过程。人类理想的生存环境应该拥有一个健康的生态系统、一个充满活力的社会制度、一个合理的自然资源配置、一个科学的生存空间，“环境艺术设计”涵盖了环境艺术和环境设计的全部概念，有利于实现人类的可持续发展。

在实际的研究与设计中，环境艺术设计的这种“创造、协调与建设”是落实在具体工作中的。现今环境艺术设计的工作重点仍然是以室内空间环境设计和外部空间环境设计为主，兼顾其他方面。

第二节　环境艺术设计的目的

一、使用性和精神性

环境艺术设计的首要目的是通过创造美好的室内外空间环境为人服务，始终把满足人们的使用需求和精神需求放在首位，并综合满足使用功能、经济效益、舒适美观、艺术价值等各种要求。这就要求设计者应具备人体工程学、环境心理学和审美心理学等方面的知识，要科学地、深入地研究人们的生理特点、行为心理和视觉感受等因素对室内外空间环境的设计要求。

1943 年，美国人文主义心理学家马斯洛（Maslow）在《人类动机理论》一书中提出了“需求层次”的理论，该理论认为人类有五种基本需求，从低到高依次是生理需求、安全需求、归属与爱的需求、自尊需求和自我实现需求，这些需求构成了人类行为的基本框架。随着时间的推移和环境的变化，人们的需求可能会有所不同，但总会有一种需求占据着主导地位。

五种需求与室内外空间环境密不可分，它们之间存在着相互关联的关系：生理需求与空间环境的微气候条件，安全需求与设施安全性、可识别性，归属与爱的需求与空间环境的公共性，自尊需求与空间的层次性，自我实现需求与环境的文化品位、艺术特色及公众参与等，这些需求之间都有着密切的联系，可以说是相互依存的。当一系列需求无法得到满足时，环境空间设计应该将重点放在满足较低层次的需求上，只有当这些需求得到满足，才能够进一步满足对环境艺术设计更高层次的需求，而不是仅仅停留在满足低层次的需求上。随着社会的发展，人的需求亦随之发生变化，这些需求与承担它们的物质环境之间存在着一定的矛盾。一种需求得到满足之后，另一种需求又会随之产生。由于这个永不停息的动态过程，建设空间环境的活动和研究也始终处于不断发展中。

二、地域性和历史性

城市空间受到地域和时代的影响，它们不仅受到当地环境的启发，而且受到时代的需求和外来文化的影响。由于每个地区的文化都有所不同，因此设计的原则也会有所差异。尽管在功能性和合理性上，各地区有着相似之处，但是，我们必须承认它们的多样性，无论是从历史、传统还是地区文化角度看来。地域差异是一个不可忽视的事实，它们应该受到尊重。外来文化与本土文化之间的矛盾和融合，对于促进城市空间文化的发展至关重要。中国北方和南方的民居都有自己独特的特点，北方人喜欢宽敞的四合院，这样可以获得更多的阳光和空气；南方人则更喜欢天井式的住宅，这样可以有效地遮挡阳光和通风。此外，不同地区的人们对建筑材料的选择也反映出地域的特点，如陕北地区的窑洞，由于陕北地区地形高差大，黄土层厚，冬暖夏凉，这对陕北人来说是一种理想的居住形式（图 1–2–1）；西南地区潮湿多雨，有利于竹子的生长，傣族竹楼也随之诞生（图 1–2–2）；四川盆地多是山地丘陵，且盆地炎热多雨、阴暗潮湿，因此，与许多地区封闭严密的形式相反，该地区住宅相对开敞外露、外廊众多、深出檐、开大窗，给人以舒展轻巧的感觉（图 1–2–3）。除此之外，环境艺术还能反映出当地居民的生活方式、传统习俗和文化观念。例如，我国西北部的蒙古高原上，轻便易携、易拆易装的蒙古包反映了游牧民族逐水草而居的迁徙生活方式（图 1–2–4）。

图 1–2–1　陕西窑洞

图 1–2–2　傣族竹楼

图 1–2–3　四川盆地建筑

图 1–2–4　蒙古包

在不同民族、文化与价值观念中，艺术是一种独特的表达方式，它能够将不同的文化联系起来，促进彼此的交流。因此，我们应该努力学习并掌握不同文化之间的共性，并培养跨文化沟通、思考的能力。为了实现这一目标，我们应该倡导文化的多样性，并为新时代创造一个富有文化内涵的环境。时代不同，艺术也不同。

总而言之，环境艺术也让我们看到一定历史时期特定的社会生活特征。例如，欧洲中世纪是教会力量鼎盛的时期，教堂成为城市中的标志性建筑，教堂内部空间在纵深和垂直方向超大尺度的形态、向高空升腾的尖券和束柱，以及彩色玻璃窗所营造的神秘光影变化，都充分体现出宗教力量在当时的社会生活中至高无上的地位。

三、科学性和艺术性

从建筑和室内设计的发展历程来看，新的风格和潮流的兴起总是与社会生产力的发展水平相适应的。社会生活和科学技术的进步，人们价值观和审美观的转变，都促进了新材料、新技术、新工艺等在空间环境中的运用。环境艺术设计的科学性，不仅体现在物质和设计观念上，还体现在设计方法和表现手段上。

环境艺术设计需要借助科学技术来达到艺术审美的目标，因此，更多的设计师将利用人性化的科技系统创造出更多富有人性化色彩的环境艺术设计作品。环境艺术设计的科技系统具有丰富的人文科学内涵和浓厚的人性化色彩，自然科学的人性化，是为了减轻工业化、信息化时代科学对人一定程度上的负面影响。如今节能、环保等许多前沿理念已被纳入环境艺术设计，而设计师设计手段的数字化以及美学本身的科学化，又开拓了室内设计的科学技术天地。

建筑和室内环境设计正是这种人性化、多层次、多维度的综合，是实用、经济、技术等物质性与美的综合，受各种条件的制约，因此，如果设计师没有高超的专业技巧，同样难以实现从精神到物质的转化。

第三节 环境艺术设计的风格和原则

一、环境艺术设计的风格

环境艺术设计的风格多种多样，以家居环境设计为例，当今家居环境不断引起大家关注，室内装修的风格也成为大家关注的焦点，各色各异的艺术设计风格，为我们展现出多姿多彩的家居环境，使家成为温暖的港湾，更具有人文气息和艺术感。有的人喜欢欧美的不羁奔放，有的人喜欢中国古典的唯美，有的人喜欢田园的清新自然，有的人喜欢现代的豪华大气……各式各样的家居环境艺术设计为我们展现了不同的艺术风格，每一种风格都有属于自己的亮点，都有其优势与特点。

（一）各式各样的家居环境艺术设计风格

1. 地中海家居环境艺术设计风格

地中海家居环境艺术设计风格会给人带来如同身在海边的感觉，呈现出一种自然的唯美。家具上的擦漆进行做旧处理，不仅流露出古典家具的隽永质感，更能展现出家具在地中海的碧海晴天之下被海风吹蚀的自然印迹。开放自由的空间是地中海风格的美学体现，在这种自由与开放的环境中，室内设计的元素也要与之呼应，在窗帘、桌布与沙发套、灯罩的选用上，应以格子图案、条纹或细花的棉织物为主，不宜采用艳丽明亮的颜色，应减少视觉的冲击，选用低彩度色调。地砖的铺设可以选择马赛克风格，体现一种朦胧之美，小石子、贝类、玻璃的镶嵌会增加更多的海洋气息。蓝、白是比较经典的地中海颜色搭配，家具、门窗、椅面等都可以采用蓝白相间的风格。绿化是不可少的，可以选用一些绿色的植物来修饰家居环境。该风格的另一个特点在于喜爱选用色彩明度低、线条简单且修边圆润的木质家具，在窗形的设计上可以采用圆形拱门，这种圆形拱门和回廊连接的方式会增加一种透视感，给人更好的视觉感受。

2. 东南亚家居环境艺术设计风格

它粗犷而豪放的线条来源于大自然的真实质感，这种自然的风格质朴但不失高雅，地处热带的东南亚的家居环境艺术设计风格别具一格，家具的材料大多来自当地，例如，印度尼西亚的藤，马来西亚河道里的风信子、海藻等水草以及泰国的木皮，这些材料都具有纯天然的特性，散发出浓郁的自然气息。该风格倾向于使用鲜艳明亮的颜色制作窗帘桌布，让人眼前一亮，心旷神怡，与东南亚深色系家具搭配，可以活跃气氛，沉稳中透着一点贵气。在色彩上，回归自然也是该风格的特色，因此，在装饰色彩上，人们常常会选择夸张而鲜艳的颜色来打破视觉的单调。该风格中最引人注目的装饰就是绚丽多彩的泰丝抱枕。这种精美的抱枕，可以搭配沙发或床，让你感受到明黄、果绿、粉红、粉紫等色彩的绚丽，与原色系的家具搭配相得益彰。天然的感觉在该风格中体现得淋漓尽致，蕴藏其中的纯天然材料饰品更为它增添了一抹别样的生态之美，竹节袒露的竹框相架、名片夹，椰子壳、果核、香蕉皮、蒜皮等材质的小饰品，每一个精致又出于天然的小饰品很容易俘获人们的心。东南亚的人们颇具创意，另有一番滋味的是天然或染色藤器配以玻璃、不锈钢或布艺的大胆设计，它们经常被摆放在日光浴室、早餐房、餐厅及优雅的办公室中。这样集现代化与民族风情于一体的设计，既具有现代风格，又能使人感到轻松舒适。

3. 美式田园家居环境设计风格

美式田园风格属于自然风格的一支，倡导“回归自然”，这种风格就如陶渊明的世外桃源一般，能向我们传递一份轻松的感觉。该风格注重室内绿化，它着力创造自然、简朴、高雅的氛围。谈到田园风格，当然不能少了棉麻布艺，这种布艺是美式田园风格中非常重要的元素，很好地配合了这种风格远离尘世的意趣。该风格以其自然的色彩和简约的线条为特色，在室内装饰上，多用砖、陶、木、石、藤、竹、织物等材料的结合，营造出一种温馨而又充满乡土气息的氛围，摇椅、小碎花布、野花盆栽、小麦草、水果、磁盘、铁艺制品等，也是该风格家居空间中不可或缺的元素，为室内环境增添了独特的魅力。

在美式田园风格中，卧室和书房是重点区域，美式家居的卧室布置较为温馨，注重布艺设计。温暖柔美的成套布艺让人感到家的温馨，它的主要特点是考虑实用性和功能性。一般不设顶灯，更能给人一种放松的感觉。在美式家庭中，书房通常非常实用，它的软装非常丰富。所有能够体现主人过去生活经验的物件都摆放在书房里，例如，翻开的古老书本、染成金黄的航海地图、描绘乡村风光的油画和一支鹅毛笔等。即使只是装饰性的物件，也能让整个书房充满美式风情。家庭室是家庭成员的重要活动场所，它具有极高的私密性，通常位于餐厅的附近，家庭室内配备了电视机，沙发和座椅采用了舒适、简洁的款式，室内植物千姿百态，装饰品种类繁多，营造出温馨舒适的氛围。

4. 白色田园家居环境艺术设计风格

白色田园家居风格以米白为主色，象征纯真与纯洁，让人有种回到纯真年华的感觉，山花浪漫，温馨甜蜜，所有米白色装饰的搭配加上浅色的墙壁色，使整个空间都流动着温馨的气息。小碎花窗帘，米白色的家具，阳台上大大的天窗和一把怀旧的摇椅加上一杯温馨的热茶，更诠释了该风格的简单与纯洁。它的整体风格是米白色，但也不乏一点显眼的颜色，比如，空间内可以装饰可爱的壁画，使整体风格多一点可爱与活泼，让整个室内空间都充满田园的气息。

（二）未来家居环境设计风格的多样化

随着经济全球化进程的加快和中西文化的交流，许多艺术风格也会受到影响。未来，家居环境艺术设计将会朝着多样化发展，各种风格都将完美和谐搭配在一起。古典风格的发展、回归乡土风情、简单的设计和个性化趣味的设计在未来将更受人们欢迎。中国各朝代传统建筑模式与欧洲各国古典主义风格都体现了回归的情趣，现代的各式各样的建筑都会优先借用这两种手法。中式传统建筑以木材为主要建材，施工程序烦琐复杂，而欧式古典建筑则以精致的柱式和精美的装饰为特色，设计师可以通过变异、简化、提炼的手法，将古典建筑的精髓融入现代建筑，体现出设计师与业主对复古情怀的深刻理解。当我们久居在城市，看过了车水马龙，品过了灯红酒绿，更向往回归乡土，渴望回到乡间茅舍、山水清泉边小住，这样的心理多是源于一种对出生地的乡土风情的眷恋，一种思乡的情愫。因此我们未来的家居设计也会偏向乡土的风味。多样化是未来家居环境艺术设计风格的重要发展趋势。

我们处于自然之中，生活的本质就是自然，当然在建筑中也崇尚自然，越简单越自然，越自然越生活。生活建筑的宣言是反唯美，反装修，反“庸俗化功能主义”。因此在未来的家居设计中，设计师将会反对各种过分的设计，把家居设计得过于华丽，好像是在炫耀，削减了纯真与自然的美感。所以要合理利用空间，给人留下想象的余地，让人对建筑空间产生无限的遐思。当然未来的家居少不了个性化趣味设计，它主要还是根据个人喜好而定，个性化的设计会增加主人的随意感和温馨感，没有固定的主题，但也不是随意的堆砌。艺术设计是一种文化的沉淀，与文化的交融使家居的设计更添韵味，更加饱满。当然家居设计的理念也要注重以人为本，充分体现人文关怀。

二、环境艺术设计的原则

（一）可持续发展观原则

众所周知，当我们的自然环境受到破坏时，恢复自然原貌将是一项艰巨的任务。我们拥有的能源极其有限，而且大部分都是一次性消耗能源，无法再次利用。此外，我们曾经拥有许多可以调节气候的湿地，但现在一些湿地面临着退化消失的风险。随着经济全球化的加快，一些曾经绿树成荫的地方已经变成荒芜的土地，这种情况在世界各地都可以看到。这种情况对于人类的可持续发展是极其不利的，它所带来的环境灾难是极其可怕的。因此，我们在利用自然资源时，必须考虑如何有效地保护生态环境，把可持续发展变为现实。这不仅仅是说说而已，更需要体现在我们的设计作品当中去，让环境设计更加利于保护环境和自然资源。

纵观整个人类历史，人类认识和改造自然界是为自身创造良好的生存条件和发展环境，然而，人们征服自然的同时，对人类赖以生存的环境也造成了一定程度的破坏。这些年，水土流失和土壤沙化的现象在世界各地时有发生，资源严重浪费，城市面临缺水的窘境，这一系列环境问题制约了社会的可持续发展，人类的行为一旦违背自然规律，势必会遭到自然的惩罚，引发各种天灾，使我们的生命财产遭受极大的危害。

因此，可持续发展的战略思想一经提出就被社会各界高度重视，在环境艺术设计领域也不例外。随着现代社会的不断发展进步，人们对环境艺术风格和气氛的要求，也逐步变化和提升。生态设计的理念越来越深入人心，回归自然已经成为一种社会风尚。环境艺术设计的生态理念，在可持续发展的战略思想指导下，已逐步形成一套系统的以生态伦理观和生态美学观为基本出发点的城市发展规划和设计理念，并产生了很多注重可持续发展的优秀环境艺术设计作品。

在现代环境艺术设计中，我们应当以科学的态度来选择适合的材料，确保其功能、结构和配置的安全性，而不是使用有毒、危害人类健康、含污染的化学材料，同时也要尽量采用自然材料和环保材料。我们应该致力于为人们提供健康、宜人的环境，以及宽敞的空间。大环境上，生态理念的保护作用主要体现在以下两点：一是有节制地不浪费地向自然界进行索取；二是为了保护环境，我们应该尽可能地减少对自然资源的消耗，并且在使用这些资源时遵循一些原则，如减少浪费、循环利用、重复利用、使用可再生资源代替不可再生资源等。为了保护环境，我们应该采取有效措施，例如，尽量减少对固体垃圾、污水、有害气体等有害废弃物的排放，并减少光污染和声音污染等。

随着社会的发展，人们环保意识逐步提高，越来越多的人形成了一个共识：舒适消费必须是绿色消费，而这绿色消费就是生态理念的表现之一。绿色设计旨在节约资源，使用可回收材料，减少对环境的污染，保护水资源和自然生物，这些绿色材料还应具有安全性能，能够保护人类健康。在环境艺术设计中，恰当地运用生态理念，有助于为人们提供良好的合理的生活环境，也有助于人们养成高效能低功耗的生活方式。

（二）环境艺术设计的亲和原则

1. 生态美原则

生态美原则是环境艺术设计的重要参考标准。“生态美”的形式和内容应当以生态美学原则为指导，致力于实现“生态平衡”的最终目标。著名的美学家李泽厚先生认为：“美的本质是人的实践活动和客观自然的规律性的统一。[①]”这一理念在人与环境关系中的具体表现就是“平衡”，通过建立生态平衡，来促进人与环境之间的互动，从而使环境中的人们获得美感，同时也保护了生态平衡。

2. 原初设计原则

随着“豪华”“时尚”等设计风格的流行，一部分人沉迷于视觉上的享受，从而导致了不当的消费行为和设计，造成了大量的建筑废弃物以及人造材料的不当处理，这些废弃物不仅破坏了自然环境，还对人们的身心健康造成了严重的危害，如造成辐射、眩光等。为了节省成本，我们应遵循原初设计原则，尽可能地选择自然材料，充分发挥其自然的颜色、纹理等特点。我们也会尽可能地减少资源的浪费，尝试二次利用废弃材料，达到节约资源的目的。

3. 科技先行原则

科技的发展为人类带来了更多的便利，环境艺术设计也应遵循科技先行原则。生态设计旨在创造舒适、健康、高效的室内外环境，通过应用先进的科学技术，节约土地、能源、水资源，以及处理废弃物，来实现可持续发展。生态设计涉及多种技术，包括利用可再生能源、改善水环境、改善声环境、优化热环境和光环境；实施绿化和废弃物管理，以及建立健全的生态系统等。利用最新技术，如能量活性建筑基础系统、楼板辐射采暖制冷系统、置换式新风系统、智能采光照明系统、高效太阳能光伏发电系统及给排水集成控制与水循环再生系统等，为人们提供舒适的居住、工作环境，实现绿色建筑的可持续发展。利用科技手段，不仅能够改善人们的生活质量，还能够有效减少对自然资源的消耗，创造出更加舒适的环境。

4. 总体性的把握与统一原则

在设计过程中，我们应该将环境艺术视为一个完整的体系，它由自然因素和人工因素组成。自然因素包括地形、山川、河流、当地特有的地貌和风土人情，

---

① 李泽厚．美育与技术美学[J]．天津社会科学，1987（4）：3–5.

这些都是不可改变的。而人工因素则更加复杂，包括道路、交通设施、灯光、机械设备及原有的建筑物等。环境艺术不仅是一种实体性的表现形式，它还包含着丰富的思想、理念和学识，不仅仅是物质上的元素，更重要的是它所蕴含的精神内涵。因此，在进行环境艺术设计时，设计师必须具备一种有效的组织和处理能力，使得各元素得到充分的融合。虽然大家都知道，一个完整的系统由许多独立的元素组成，但如果仅仅把它们简单地拼凑起来，就无法形成一个完整的系统。因此，当进行艺术设计工作时，我们应该全面考量，并从宏观角度来审视这项任务。

5. 以人为本原则

通过环境艺术设计，我们旨在创造舒适、优雅、充满视觉冲击力的空间，让人们感受到自然之美。因此，我们必须坚持以人为本的原则，把握住人类发展规律，让每一位参与者都能从中获得满足。过去，我们对此缺乏足够的关注，未能充分理解以人为本原则的重要性和必要性。人类是环境的主体，因此，我们应该以满足人类需求为出发点，创造出能够让人类感受到舒适和安全的环境。对以人为本原则的理解应该从多方面考虑，并且采用多种思维模式来深入探究。正确把握以人为本原则的一些基本概念，不仅能够帮助我们更好地理解人的本质，而且还能够更好地指导我们在环境艺术设计中的行动。使我们的设计能够为人们提供一种超越物质层面的审美体验，从而让他们在视觉上感受到美的魅力，同时也能够体现出人性化的关怀。

6. 兼容并蓄原则

以往的设计旨在追求一种美的意境，我们多利用自然植物来实现这一目标，并取得了出色的成果。但是，我们也要牢牢把握传统设计中所蕴含的理念和真实的意境，并融入现代元素，如高科技材料和灯光等，使我们的设计作品更具现代感，同时也要在吸收传统的基础上进行创新，达到更高的境界。在环境设计中，我们必须兼顾多种元素，以创造出更加完美的作品。

（三）生态文明观下的环境艺术设计

环境艺术设计与生态文明观密不可分，前者指导后者，后者促进前者，两者相互依存。环境艺术设计既包括室内设计，也包括室外设计。生态文明观是环境艺术设计的基础，它们之间相互促进，共同推动环境艺术设计的发展。

1. 生态文明观下的室内环境艺术设计

如果我们想要创造出舒适、宜人的室内环境，首先，应该采用生态建筑的理念，合理规划空间，为自己的家庭提供更优质的室内环境。这样的设计可以有效减少装修过程中的污染，同时也能够节省大量的资源和时间。其次，在室内装修时，可以采用一些新颖的设计，减少材料消耗，为人们提供舒适宜人的生活环境。再次，为了保护室内环境，我们应该尽量使用对人体无害的材料。不合格或环保系数低的装修材料是室内污染的主要来源。因此，在装修时，应该尽量选择天然材料，如竹子和藤条，避免使用漆和人造板。同时，应该尽量使用符合标准的产品，降低室内污染。最后，在装修过程中，为了减少对环境的污染，我们应该尽量选择一些环保的或简易包装的建筑材料，这样可以避免一些厂家为了经济利益而过分注重产品包装，导致大量废弃包装材料污染环境。

2. 生态文明观下的室外景观环境设计

在生态文明的背景下，室外景观的设计必须考虑到多个重要的因素。首先，必须充分利用土地资源，特别是在城市里的土地。由于土地资源的稀缺性，我们必须科学合理地规划和管理城市的空闲边角区域，从而为城市的绿化做出更大的贡献。在规划和建造景观空间的过程中，应当充分利用多样的植被、湖泊、山峰等元素，营造出充满活力、宁静而又充满情趣的环境，让居民能够深刻地感受到大自然的魅力。其次，在景观设计中，应当充分考虑当地的自然特征，并且尽量利用现有的自然资源，以免对环境造成过度的破坏。此外，还应该将当地的物种特色与多样性融入景观设计之中，以达到最佳的效果。通过维护物种的多样性，我们可以促进生态文明的发展，并且在保护本土特色的前提下，尽量减少从外地购买植被的情况。这样做不仅能够降低运输成本，而且还能够确保一些特定的植物品种能够在当地的水土、环境条件下得到良好的生长。最后，在景观设计中，应该采用合理的形式，避免一些高成本、高能耗的景观。例如，一些大型景观，占地面积大，成本高，而且通常位于新城区或人口流量较少的地方，这些景观实际上是对土地和建筑材料的浪费，与生态文明观相悖，是不可取的环境艺术设计。

第四节　环境艺术设计的发展趋势

一、可持续发展

城市环境本身就是一个运动不止的体系。只要人群存在，社会发展，生命不止，运动就不会停息，这也使得城市空间环境具有成长的特性。

生命周期是指一个对象的生老病死，该理论被广泛应用在经济学和管理学中。随着设计的“软化”，这些概念也越来越多地进入设计领域。近年来，随着可持续设计以及生态设计研究和实践的深入发展，产品、建筑甚至是城市的“生命周期”越来越频繁地得到关注。基于“生命周期”的设计研究，已经成为可持续设计的重要参照体系。

由于这种成长性，设计师应在规划设计之前对未来的环境发展进行科学的预测，预想到多种可能性，使城市的环境既具有历史文化传统，又保持鲜明的时代特征。

可持续发展是指提供更多的资源、技术、环境、资源、资源管理、资源配置、资源循环利用，确保未来一代的基本生存权益，从而实现更加全面的、长远的发展目标。我们必须全面评估城市空间环境，并且根据其变化情况进行分类，找到最佳方案。同时，我们也必须将其与居民的日常需求、情绪反应以及周围的自然风光紧密结合，使其能够随着时代的发展而不断演进。此外，我们还必须认真思考如何让城市的空间环境更好地适应其功能和结构，保证其可持续发展。最后，如果我们想通过人工的手段来达到目的，就要使美丽的景观变成自然的而不是某个人的作品，这样所付出的努力才没有白费。只有当文化体系和生态环境同步、同构、同态时，我们才能获得长期持续发展的可能性。

二、人与自然和谐共处

美国生态建筑学家理查德·瑞杰斯特（Richard Register）认为，可持续发展的核心在于人与自然和谐共处，因此，生态城市应当是一种拥有良好生态环境的城市，它寻求健康并充满活力和持续力的自然环境。

早在中国古代，“天人合一”的思想促进了建筑与大自然的相互协调与融合，它所体现出来的阴阳有序的环境观对我国及其周边国家古代民居、村落和城市的形成和发展产生了深远的影响（图 1-4-1）。它不仅仅是一种环境意象，更是一种人文含义，它影响着不同聚落的选址、朝向、空间结构及景观构成等方面。例如，风景开合、空间对比、引导与暗示、藏与露、渗透与层次、叠石观水等造园艺术手法，都透露出人与自然和谐发展的意蕴，特别是“中和”原则是造园的基础，它提供了对山水诗词、山水绘画及其理论的深刻理解，并将“有法无式”的设计理念融入其中，使得感性与理性、写意与写实、自由与规整完美结合，为人们提供了舒适的环境，让他们能够在自然中得到心灵的滋润。

图 1–4–1　客家建筑

同样，我国传统道家思想所追求的人与自然和谐共存的理念，在我国传统建筑中也有所体现，如人们会在建筑中运用大量隐喻性物件趋吉避凶。最为典型的就是在传统的厅堂的两边各设置一瓶一镜，即“东瓶西镜”，寓意一生平平静静。还有门窗上大量图案（如万字纹、牡丹纹等）的应用，则是寓情于物，营造出充满人情味的空间。

这些思想对现代环境艺术设计、建筑学和城市规划，对“回归自然”的新环境观与文化取向有重要的启示。这就要求我们努力将自然环境与人工环境并举，在融合、共生、互荣中塑造城市空间环境，并从宏观层面去认识自然环境与人工环境之间的辩证关系。

三、注重环境整体性

现代环境艺术设计需要对整体环境、文化特征及功能技术等方面进行考虑，使得每一部分和每一阶段的设计都成为环境艺术设计系列中的一环。

“整体设计”注重能量循环，低能耗、高信息；开放系统、封闭循环；材料恢复率高、自调节性强；多用途；多样性、复杂性和生态形式美；等等。实际上，整体化和立体化也是环境艺术设计的重要特点。

建筑室内外空间环境就是一个微观生态系统，也是生态环境和生态活动的场所，这是一个整体。我们应该把环境艺术设计从室内外空间扩展到整个城市空间，把构成空间和环境的各要素有机地结合在一起，把人类聚居环境视为一个整体，并从政治、文化、社会、技术等方面，系统地、综合地加以研究，使之协调发展。除此之外，我们还应把那些具有永久价值的因素以一种新的方式与现代生活相结合，并对空间环境中的各种宏观及微观因素进行创造性的利用，以个体环境促进整体环境的发展。城市是由建筑、景观、人等多种要素构成的优美艺术环境。作为个体的建筑，其形象理应具有完整性和表现力，但构成建筑组群时，每幢建筑又作为群体组合的一部分而存在，我们需要进一步考虑个体与群体之间的完整性。不同内容的建筑物、景观和环境通过有序的组合，既能形成外在的表现力，又有内在的秩序感，给人以整体之美。这就要求我们恰当地使用技术，耐心地推敲构造，使环境形式以可行的方式呈现出来。组合并非仅仅是将多个元素拼凑在一起，而是要深入探索每个元素之间的联系，发现它们的相似之处，以科学、合理、灵活的方式将它们结合起来，为人类提供能够满足他们日常生活需要及心灵需求的美好环境。

四、重视运用新技术

设计师热衷于运用最新设备创造出良好的物理环境，以各种方法探讨室内设计与人类工效学、视觉照明学、环境心理学等学科的关系，新材料、新工艺开始在设计界流行，在设计表达等方面，设计师开始运用各种最新的计算机技术来诠释环境艺术设计。

随着科技的发展，许多新的技术已经被应用于环境保护领域，如双层立体屋顶、太阳能发电、地热开发、智能化空调系统等。这些技术旨在帮助我们更好地保护环境，并实现人类与自然的和谐共存。

新能源是指除传统能源之外的各种能源形式，大多是直接或者间接地来自太阳或地球内部深处所产生的热能，如太阳能、风能、地热能、水能和海洋能。与传统能源相比，新能源的优势在于低污染、高储量以及可持续发展，这些都为应对环境污染问题及石油、天然气等资源的枯竭提供了强有力的支持。

新能源给设计方式带来的变革是多方面的。北京奥运会基于“绿色奥运”建设的一批新能源工程，标志着北京奥运场馆及奥运村建设由此成为以太阳能为代表的新能源基地。奥运村内占地 3000 平方米的微能耗建筑就使用了由自然冷能、太阳能光热光电、地源热能及风能等组成的可再生能源系统，奥运村微能耗建筑在同行业中率先实现跨季节综合蓄冷技术，比同类节能建筑还要节约 2/3 以上能源。数据显示，在国家体育馆等奥运场馆和奥运工程中，太阳能光伏并网发电系统年发电量 70 万千瓦·时，相当于节约标准煤 170 吨，减少二氧化碳排放 570 吨。其中，奥运会主场馆“鸟巢”采用的太阳能光伏发电系统总装机容量达到 130 千瓦；建在青岛奥林匹克帆船中心及周边场馆的风能灯、太阳能灯每年可节约用电 2 万多度。在奥林匹克帆船中心，太阳能可转化成冷能或热能，实现了生活用水、制冷、供暖“三位一体”。可以说，北京奥运会期间的太阳能光热光电建设，是我国太阳能行业发展的一个典范。总之，新技术正在对环境艺术设计产生各方面的影响。

五、注重旧工业建筑再利用

工业遗产是工业文明的重要见证，它们不仅具有历史价值，还具有艺术价值、科学价值和社会意义。这些遗产包括建筑、机械、工厂、车间、矿产加工场地、仓库、能源生产、运输和利用的场地、交通基础设施，以及与工业生产相关的其他社会活动场地，如住宅和教育设施，它们为我们提供了宝贵的历史资料，为我们的未来发展提供了强大的支撑。废弃工业建筑通常指的是那些在当下时间内并不具有重要历史意义的建筑。尽管城市更新在某些情况下可能不具备太大的保护价值，但在特定条件下，它们仍然具有重要的实际意义。第二次世界大战后，欧美国家面临经济衰退、社会治安恶化和生活环境质量下降的问题，因此政府开始大力推广城市更新运动，以改善城市的环境质量，促进城市的可持续发展。城市更新的方式可以归纳为三种：重建、改建和维护。

重建是一种极具创造性的旧工业建筑再利用方案，它以清除城市中严重衰落的地区为基础，并结合国际建筑师协会提出的物质规划理论，大规模地进行拆除重建，以此来改善城市环境。第二次世界大战后，这种更新方式受到了越来越多的关注，也逐渐成为当今社会发展的一种重要趋势。尽管新建的国际化建筑可以在短期内为城市中心区带来繁荣，但它们所呈现出的单调乏味的城市景象也可能导致新的社会问题。因此，在大多数情况下，我们不建议采用重建的方式来改善城市环境。

改建是一种更加经济实惠的城市更新方式，它不仅可以在短时间内完成，而且可以避免拆迁安置问题，同时也可以有效地改善城市中功能仍能适应需求但出现衰退迹象的地区，从而达到局部拆除重建或环境改善的目的。

维护是一种有效的预防性措施，旨在保护和改善城市环境，通过增加必要的设施来减少衰退现象的发生。这种方法可以有效地改善建筑物的使用状态，提高整体运行效率，从而达到节约资源、提升经济效益的目的。例如，华盛顿联合车站，其内部大厅有一系列展板展示其维护的历史，从外观、装修、功能上来说，在世界各地的交通枢纽很难有与其比肩的（图 1−4−2）。华盛顿联合车站外观设计的灵感源于拜占庭凯旋门，内部则源于罗马大浴场，代表正义、力量、智慧的诸神雕像守护着车站，这些巧妙的设计让华盛顿联合车站显得格外宏伟（图 1−4−3）。

图 1−4−2　华盛顿联合车站室内

图 1−4−3　华盛顿联合车站室外

近几十年来的经验表明，以形体规划为指导思想的城市改造往往无法取得预期的成果。城市更新不仅仅是为了改善建筑物老化和衰败的问题，更重要的是要减缓地区经济的衰退。许多学者也发现，采用传统的形体规划或大规模的整体规划来重建城市往往难以达到预期的效果。面对当今的城市更新挑战，西方国家正在采取全新的策略，不再仅仅局限于大规模拆除重建，而是将重点放在改造和发展上，积极应对城市的社会和经济问题。

20 世纪 90 年代中后期以来，随着社会和经济的发展，我国开始着手研究城市滨水区的改造和再利用，其中以“自上而下”的整体运作方式最为著名，研究内容涵盖了传统的滨水码头区、工业区和仓储用地的改造，以及一些有识之士，特别是艺术界专业人士对旧工业建筑的改造和再利用。进行深入研究，找到最适合的改造方案，并取得了良好的效果。此外，这种改造还可以有效地推动旧工业建筑的保护与再利用。

在进行旧工业建筑空间结构改造时，应当遵循因地制宜的原则，确保改造的可行性，并且满足以下条件：新旧建筑结构体系应当具有一定的相似性，旧工业建筑可以采用水平或竖向加建的方式来改善空间布局。

当旧工业建筑无法满足新的功能需求时，可以采取改造措施来提升其空间利用率。这些改造措施可以通过将大空间划分为多个小空间，以及结合其结构特点，将其分割成更小的空间，满足居住、办公、商业等不同功能的需求，从而达到改善建筑物空间利用率的目的。20 世纪七八十年代，“阁楼”设计掀起了一股改造废弃工业建筑的热潮，它在原有的大空间中灵活分割出居住或办公空间，满足不同的需求，并且利用工业建筑的结构特点，为其再利用提供了可能性。通过这种改造方式，工业建筑的空间得到了重新设计，保留了其独特的景观特征，而且成本也相对较低。

雀巢公司总部（图 1-4-4）的扩建正是运用了这种方式。19 世纪 20 年代这一建筑最初用作制药厂，后来被用来制作巧克力，并在接下来的一个世纪中稳步发展成综合性建筑。19 世纪 60 年代，工厂进行了扩建（铁质框架被覆盖上石头和带花纹的砖），工厂的最高一层没有圆柱支撑，主要是薄壳结构。19 世纪 80 年代，古斯塔夫·埃菲尔（Gustave Eiffel）设计了新机车车库（埃菲尔大厅），其中包含工厂、家庭住宅、工人住房、农田、森林和休闲公园。在对旧建筑物进行扩建和安装时，设计师并没有“为了保持而保持”，而是用了传统的、自然的工业设计手法。设计师的目的是要在新旧建筑间形成呼应，因此他们对材料的使用大多没有顾虑，例如，设计师使用了不锈钢和磨砂玻璃等一些新材料。当原建筑物作为巧克力工厂的时候，原材料和成品穿过厂房内部的轻轨铁路系统出入工厂，轻轨铁路现已被改造成供人们穿行的拱形长廊，混凝土结构的冷却库被改造成大礼堂。但是，埃菲尔设计的机车库和大礼堂却被恢复保留，变成了展览和接待场所。

图 1-4-4　雀巢法国总部

当新旧建筑空间结构相似时，可以通过改变原有建筑结构来实现新旧功能的置换。这种方法适用于各种建筑类型，例如，工业建筑可以通过改造成展示空间、市场和图书馆等项目来实现再利用。

厂房的大空间结构与展示空间、市场、图书馆等有着相似之处，因此，不需要进行任何改造，就可以满足新的功能需求。此外，钢筋混凝土框架或排架结构，也使得空间的重新划分受到更少的结构限制。通过对建筑的细节进行改造，不仅可以改变整体结构，还可以满足新的功能需求，并为景观环境带来全新的视觉体验。

通过改造，这类工业建筑大空间的优势可以被充分利用起来，增添更多的功能，如展览、创作、办公等。应该采取全面的改造措施，包括对外墙、门窗、非承重墙等进行更换，增设电梯间、卫生间等辅助空间，并运用艺术品来打造出更加美观的景观环境，满足不同功能的需求。通过这种改造，我们不仅可以尽可能地保留工业建筑的外观和特色，而且还可以降低成本。

洛杉矶的临时现代博物馆就是一个经过精心改造的建筑，它不仅成本低廉，而且实用性极强，对其他艺术博物馆的设计产生了深远的影响（图 1–4–5）。这座博物馆原本是一个空荡荡的仓库，但在改造过程中，它不仅修缮和加固了原有的建筑，还增加了一些服务设施和入口，使它变得更加完善。原有建筑内部空间大，没有恒久的设施，为改建提供了最佳场所。临时现代博物馆于 1992 年关闭，到 1995 年重新开放，地方综合开发计划宣告要将其重新修缮并继续长期使用。设计师再次在原有的基础上增建了教学设施、阅览室和商场，又在广场的四周增建了咖啡店、书店和演出场所，于 1997 年最终完成了工作室、教室、传媒场所、管理办公室和安全系统的设计完善工作。正是由于设计师成功改造了一个个仍可利用的古旧建筑，洛杉矶的人们开始意识到那些貌似被时代抛弃的古旧建筑仍有着被再利用的价值。

图 1–4–5　美国洛杉矶的临时现代博物馆

旧工业建筑具有横向竖向加建的可能性，当旧工业建筑无法满足新的功能需求时，可以考虑在其上进行改造。例如，在顶部增加建筑物、在地下增加建筑物或者在侧面贴上新的建筑物，使改造后的建筑与新的使用功能相协调。

又例如，匈牙利的设计师为 ING&NNH 银行大厦所做的扩建设计，他先对原大楼进行整修，然后扩建了一个 5000 平方米的全新建筑。这两部分融合在一起，形成了既精致又引人注目的新旧结合式建筑（图 1–4–6～图 1–4–8）。1992—1994 年，这个建筑被全面整修，这次整修忠实地恢复了建筑的原始特征。该建筑的亮点是顶楼绰号为“鲸”的会议厅，该会议厅位于庭院的顶部（图 1–4–9）。

图 1-4-6　ING&NNH 银行大厦

图 1-4-7　以天空为背景映出的轮廓

图 1-4-8　新旧建筑衔接毫无违和感

图 1-4-9　“鲸”会议厅

城市发展不断推进，许多旧建筑仍然存在，尤其是在工业发展中遗留下来的大量旧工业建筑，是当今城市发展的一大挑战。然而，经过修整、翻新、改造，旧工业建筑不仅能够重新焕发活力，还具有新建筑无法比拟的优势和特点，因此，延长建筑物的使用寿命，合理利用资源，有助于改善城市生态环境，保护城市文化传统，并创造出与时代相适应的新空间。毫无疑问，改造设计具有重大的社会意义，它不仅能够带来经济收益，而且能够提升城市的整体形象。因此，我们应该充分利用旧工业建筑，采取有针对性、有意义的改造措施，将它们的经济、文化、社会及环境价值完整地呈现出来，让它们成为人们日常生活中的一部分，让城市变得更加美好。

六、模数化设计

“模数化”这一概念源于专业化、社会化大生产的出现，是从为应对产品多样化和标准化的技术参数所设置的数值概念延伸而来的。在专业化、社会化大生产过程中，人们希望能够按照参数指标来规范生产产品的零部件，这一参数指标多是人为规定的数值，主要是便于计算、制造和检验，业内就把这个比值叫作模数。这种模数制与专业化、社会化大生产相适应，强调产品的设计与生产应具有模数化、标准化和批量化的特点，显示出由内到外的功能性、合理性，进而体现出专业化、社会化大生产的统一性功能。如此一来，在模数化社会背景下产生的设计方式，让设计师能够将设计元素从结构到形式进行多样化、模数化组合，使得不同结构和形式的设计产生更加丰富的边缘性联系。

实际上，第二次世界大战刚结束时，为了追求包豪斯早期的理想主义，德国的乌尔姆设计学院就重申了“艺术与科学结合”的主张。乌尔姆设计学院为德国设计教育做出了重要贡献，它将系统设计与企业联系起来，使得德国设计师第一次将理想的功能主义融入实际的工业生产中。这一创新的教育模式，不仅为德国设计师提供了全新的视角，而且也为设计界提供了更加全面、深入的思考方式，让设计师能够更好地理解设计与人之间的关系，并将其应用于实际的设计中。德国的设计是冷静的、高度理性的，这正是在模数化社会背景下产生的设计风格。同样，美国的设计体系与欧洲的设计体系有着明显的不同：欧洲的设计以理念为基础，以实现明确的设计目标为前提，而美国的设计则是在实现目标后进行总结。这是因为美国的设计源自商业，而不是基于社会意识形态，更多地依据市场走向。美国的设计在市场条件下注重模数的合理性体现，并凭借其雄厚的经济实力兼收并蓄、容纳各种积极因素，这些因素让美国的模数化设计很快就达到了世界领先水平。

贝氏建筑事务所的模数化设计，体现了模数制的精妙之处。例如，中国银行总行就是贝氏建筑事务所应用模数表现建筑的一次精彩演绎（图 1-4-10）。在此工程设计中，贝聿铭非常精妙的模数制贯彻设计始终，最基本的模数源于立面上的一块石材，它的尺寸为 115 厘米 ×57.5 厘米，是 2 ∶ 1 的比例关系。而建筑的基本轴网为 690 厘米，层高为 345 厘米，它们分别为石材长宽的 6 倍。建筑物的门高为 230 厘米，与层高的比例为 2 ∶ 3，且为四块石材的高度，同时也是办公建筑的理想门高。建筑物的尺寸完全符合模数设计，因此，最终的呈现效果十分完美，满目皆是比例精确的石材，没有一块不符合模数化的设计思想。此外，在施工过程中，一块标准尺寸的石材无需切割，就可以放置在任何位置，极大地提高了施工效率，使得建筑与装修完美地结合在一起。

图 1-4-10　中国银行总行

作为模数观念的提出者，勒·柯布西耶（*Le Corbusier*）是一位具有重大影响力的现代主义建筑思想家，他认为，现代主义建筑应该与时俱进，满足工业化社会的需求，并且设计师必须研究如何更好地实现其实用功能，同时也要考虑到经济效益。此外，他还鼓励建筑师积极采用新材料、新结构，以及发挥它们的独特性；并且要求设计师勇于摆脱过时的建筑样式，勇于创造新的建筑风格，以及探索新的建筑美学，满足不断变化的社会需求。萨伏伊别墅是勒·柯布西耶现代主义的杰作，它以简洁的外观、对功能的重视以及模数化设计的运用，成为纯粹主义建筑运动中的经典之作，深受人们的喜爱。它不仅体现了现代主义建筑的精神，而且也为后世的建筑发展提供了独特的视角，被建筑界广泛应用。

七、极少主义及强调动态设计

约翰·帕森（John Pawson）将极少主义定义为当作品的内容被减至最低限度时，它所散发出来的完美感觉。当物体的所有组成部分、所有细节及所有连接都被减少或压缩至精华时，它就会拥有这种特性。

极少主义的思想源于“少即是多”的观念。极少主义的特征是致力于摒弃琐碎、去繁从简，通过强调建筑最本质元素的活力，来获得简洁明快的空间。极少主义室内设计的重要特征包括高度理性化、家具配置和空间布置有分寸；习惯通过硬朗冷峻的直线条、光洁的地板和墙面、利落而不失趣味的设计装饰细节来表达简洁、明快的设计风格；这种风格十分符合快节奏的现代都市生活需要，能使人感到心情放松，营造一种安宁、平静的环境氛围。

由于希望持有不同宗教信仰的人可以任意参观，2000 年修建的柏林天主教中心的建筑有意回避了天主教的痕迹。建筑主体是雄浑的立方体结构，四周围绕着表面点缀有玻璃砖的石墙。夜幕下，密集的玻璃砖在室内光线的映射下投射出清晰的阴影，平滑的玻璃砖与布满凿痕的粗糙石墙形成视觉对比，外部光线可透过室内墙面上的一层白色雪花石板射入，为建筑内部环境增添了几分生命力，设计细节简洁而生动。

内部空间的动态设计，古代已有涉及，清代学者李渔提出了“贵活变”的思想。对于内部空间设计，我国不少餐馆、理发店、服装店的更新周期在 2～3 年；旅馆、宾馆的更新周期在 5～7 年。随着竞争变得更加激烈，更新周期将进一步缩短。

设计师应树立更新周期的观念，在选材时反复推敲，综合考虑资金、美观和更新的众多因素，谨慎选择耐用的材料。尽量通过家具、陈设、绿化等进行装饰，增加内部空间动态变化的可能性。因此，目前环境艺术设计主张简化硬质界面上的固定装饰，尽可能通过陈设物来美化空间。

第二章　环境艺术设计的要素、思维与方法

要深入认知环境艺术设计的内容，就要对环境艺术设计的要素进行系统的学习，还要对环境艺术设计的思维和方法进行了解，本章就对环境艺术设计的要素、思维以及环境艺术设计方法进行阐述。

第一节　环境艺术设计的要素

一、环境艺术设计主体要素分析

（一）空间环境的界面要素

界面装饰包括底层、侧层和顶层三个部分。对空间环境的界面装饰在两个层次上进行，第一层次是装修设计，即在这个基础上，对界面进行张贴、悬挂和铺设。第二层次则是为了更好地展示界面的美观和功能。在环境艺术设计中，界面装饰的目的是提升整体的视觉效果，但并非所有的空间环境都必须经过装饰，这取决于业主的个人喜好和审美观。因此，界面装饰既要满足实用性，也要兼顾美观性。每个界面都具有独特的功能和结构，可以满足人们的物质和心理需求，在设计过程中，它们的外观、颜色、光线和材料等因素都是独一无二的。

1. 空间环境的界面组成

（1）地面

地面是建筑物的基础，也是人们日常生活中最常接触的部分，它是建筑物的承重基础，是空间环境的主要组成部分。地面的处理方式可以根据其功能区域进行划分，例如，门厅地面可以采用具有引导性的图案，在选择材料时应注意它的耐磨性、防滑性和易清洁性。装饰空间环境的材料有很多种，包括地板、地砖、石材等。地板可以选择木制、竹制、复合材料和塑料材料等，地砖可以选择陶瓷和马赛克等材料，石材可以选择天然花岗石和人造石材等。

（2）墙面

墙面是空间环境中不可或缺的一部分，它不仅具有隔声、吸声、保暖和隔热等基本功能，而且还可能成为人们视线集中的地方，因此设计师会特别关注墙面，并将其作为重点表现的界面。在满足基本功能的同时，可以根据不同的需求对墙面进行多样化的设计，可以选择各种材料，如石材、木材、玻璃、金属、塑料、墙纸、涂料等，以满足不同的空间环境要求。

（3）顶面

顶面是建筑物中最重要的空间界面之一，也被称为天花板或顶棚。它的高度会影响室内环境的美感，过高或过低都会给人不舒服的感觉。如果太高，会给人一种空旷、冷漠的感觉，而太低则会给人一种压抑的感觉。只有在适当的高度上，才能给人一种亲切的感觉。在设计顶面时，应该注重高度的适中性，并以简洁为主，避免造型杂乱压顶，使人感觉不舒服。顶面与地面是相互联系的两个部分，在处理顶面时，通常应该充分考虑空间环境的功能，并使顶面造型与地面的功能和陈设相呼应。

2. 空间环境的界面处理手法

空间环境的界面处理手法中主要包括以下几点：一是运用结构的表现手法，通过物体的结构韵律来表现出空间特质。二是运用材质的表现手法，通过不同材质的肌理效果和材质间的变化所产生的美感来表现出空间特质。三是运用光影的表现手法，通过灯的形状、颜色及光的综合艺术效果来表现出空间特质。四是运用几何形体的表现手法，运用圆锥体、球体、长方体等几何形体的特点和排序来表现出空间特质。五是利用不同视角和形状的表现手法，以及它们之间的过渡，将空间的美感呈现出来。六是用独特的图案展示空间之美。七是利用不同视角的表现手法，表现出别样的审美情调。八是运用自然形态的表现手法，运用乱石、瀑布、水纹等自然形态来表现出空间特质。

（二）空间环境的家具要素

空间环境中家具的选取和布置是环境艺术设计中一个至关重要的内容。家具既是一种生活用品，又是一种充满艺术气息的大众艺术品。它不仅要满足人们的实际需求，还要满足人们的审美需求，让人们在接触和使用它的过程中获得美的享受，激发出丰富的想象力。家具不仅能够反映出不同时期、不同国家和地域的历史文化和审美追求，还能够提供一种独特的空间环境风格基调，它们以其合理的尺寸和精美的造型样式，成为人们工作和生活的重要媒介，使得虚空的环境变得更加宜人。

选择空间环境的家具时，常从家具的功能和家具的审美性两个方面考虑。一方面，应从使用时的功能性、舒适性、风格性及安全性进行考虑；另一方面，应从空间整体环境、风格定位，家具的色彩、质地、造型、风格、布局和搭配因素与环境艺术设计氛围营造等方面进行考虑。选择室内家具需要考虑以下三点：

1. 考虑家具功能与定位

在选择和布置家具时，应根据使用者的需求以及当前的空间环境，确保家具的尺寸适中，既不超出使用者的承受范围，也不会太小。同时，要考虑到家具的摆放位置，将其分为动态和静态两个区域，方便人们的活动，提升家具的使用效率，并有效地利用和改善空间环境。

2. 注重家具造型及风格统一

家具的造型和风格应该与空间环境相协调，因为它们具有独特的艺术语言和风格倾向。在选择家具时，应该根据空间整体氛围和风格来决定，确保设计的家具能够适应整个空间的氛围和风格。

3. 强调家具颜色与质地协调

家具的颜色和质地对于营造环境艺术氛围至关重要。在选择家具时，应从整体环境色彩的角度出发，进行综合考虑，确保它们与周围环境色彩协调一致。

（三）空间环境的灯具要素

1. 照明的光

在中国传统文化中，灯具的光影效果是一种重要的元素，它们能够营造出独特的美学氛围。在中国传统空间环境中，自然光照射到花窗上，形成斑驳的光影，使空间环境更加生动活泼，营造出一种温馨的氛围。而在现代环境艺术设计中，自然光也可以作为一种构图要素，满足人们对自然与审美的渴望。通过选择合适的灯具和恰当地使用光源，可以为环境艺术设计增添色彩和光影效果，并营造出独特的氛围。灯具是环境艺术设计中不可或缺的元素，它们不仅要满足照明功能，还要与空间环境的装饰风格相协调，营造出一种独特的氛围。正确使用灯具和灯光，可以为室内环境艺术设计增添一份独特的魅力，让空间环境更加精彩。

人类与自然光的交互并不是保持一成不变的。白天，环境艺术设计者会根据自然光的强弱来决定空间环境的布局，以此来提高生活效率。然而，由于建筑结构和自然光之间的差异，白天自然光较弱的空间环境仍然存在，但是，随着人工灯具的出现，这种情况得到了改善，人们甚至可以在完全没有自然光的情况下正常工作。在这一转变过程中，人工灯具的照明功能被运用得淋漓尽致，空间环境的格局也发生了巨大的变化，生活也变得丰富多彩。在现代环境艺术设计过程中，我们应当寻求具有中国传统美学意境的灯具照明设计，探寻人和场所之间的审美契合。

中国传统美学的意境体现在空间环境中，是以人为本，以自然为指引，让人们在自然中寻求生存之道，这是一种顺应自然的美学思想。人们应该从自然光中汲取智慧，以此来创造出更加美好的空间环境。自我修养是人类生活的基础，它提倡我们通过反思和自律来遵守道德准则，达到顺应自然的目的。自然规律决定了生命的循环和可持续发展，人与自然之间存在着相互依存和共生关系。为了保护地球自然资源和恢复生存环境，我们应该尽可能地利用自然光来取代人工光，并将其转化为可再生能源。除了电能，我们还应该考虑其他可再生能源，如太阳能，它可以替代人工光，实现自我循环再生，这也是人工照明发展的方向。我们应该努力利用自然资源来改善我们的生活状况，创造健康的、可持续发展的循环。

人工照明的应用已经深入环境艺术设计的各方面，它不仅能够满足人们的日常需求，而且能够根据人们的行为习惯来调整光线的强度，从而营造出一种自然而又温馨的氛围。例如，瑞士贝耶勒基金会美术馆中，人工光的使用可以让参观者感受到自然的温暖，而且光线的强度也可以达到一定的平衡，使空间环境变得更加舒适。设计师利用自然光源，营造出宁静而又充满艺术气息的空间，让参观者在这里尽情欣赏艺术作品，同时也能够感受到人工智能技术带来的美。随着人工智能技术的进步，人们可以通过控制人工光来打破自然界的变化，创造出舒适的环境。例如，在德国慕尼黑的现代艺术陈列馆中，人们可以利用智能控制技术来调节空间光环境的亮度和色彩，甚至可以人为调整阴影的位置和变化。这样，人们就可以创造出近乎完美的光环境，让人们感受到自然的魅力。通过创造理性的照明，我们可以让人们在拥有人工照明的同时感受到自然的氛围，而不是纯粹使用人工光线照明。这样，空间中就能够充满自然的效果，使人们能够清晰地区分人工光和自然光，这体现了空间光环境的发展方向应该以人为本。

2．意境的光

营造中国传统美学意境空间是一种能让人们获得心灵解脱的方式，也是让人们在室内空间环境回归自然的捷径。意境的光环境的设计旨在让人们以感恩的心态，自发地接受自然环境光所带来的美感，从而获得一种觉悟；改变人们看待事物的角度，让人们通过近在眼前的光线学会换位思考，用心与自然相处，从而获得更多美好的体验。

以自然为基础，环境艺术设计的理念将发生重大变化。继承中国传统美学，融入自然元素，将其应用于环境艺术设计中，将会带来全新的视觉体验，让人感受到回归自然的喜悦，这正是东方美学所追求的核心价值观和独特审美。当我们每天面对来自各方面的压力和烦恼时，我们需要舒适的环境来释放压力和烦恼。中国传统美学提倡的意境空间就是一个很好的例子，它能让我们亲身感受到大自然的美好，从而获得快乐。

（四）空间环境的绿化要素

研究表明，当大自然的绿色在人们的视野中占据25%以上时，人的心理状态会得到改善。绿色的植物能够让人们联想到大自然，让人们心情放松，而它们的光合作用产生的新鲜氧气，则能够让人们保持清醒。绿化要素能带来别样的东方审美体验，“疏影横斜水清浅，暗香浮动月黄昏”展示了一种令人难忘的气氛，它不仅仅是一个真实的景象，也是一种优雅的氛围。“绿肥红瘦”则通过植物的季节性变化，将伤春之情和恋春之意完美地呈现出来。可以说，植物景观在某种程度上已经成为东方文化的重要组成部分，深深地影响着东方人的审美情趣和思想意识。

在环境艺术设计中，绿化已经成为一种必不可少的元素，它不仅能够让绿色植物在空间中发挥作用，改善空间环境，还能够调节人与自然之间的关系，让人们在欣赏美景的同时，也能够感受到自然界的魅力，从而实现内外环境的和谐统一。通过绿化的运用，不仅可以扩大和美化空间环境，还能给环境艺术设计注入新的活力。设计师可以充分利用绿化的特性，将自然风光融入设计之中，营造出舒适宜人的居住、生活环境，让空间环境充满活力，更加凸显出装饰艺术的美丽与魅力。

（五）空间环境的织物要素

织物在环境艺术设计中扮演着重要的角色，它们以其丰富的颜色和柔软的质感吸引着人们的眼球。通常，我们在室内装饰中使用的窗帘、地毯、壁挂、床单、毛巾和被套等都属于织物，装饰织物可以根据用途分为多种类型，如帘布、床上装饰品、家具装饰品、地面装饰品和墙面粘贴品等。

织物装饰不仅可以满足实用功能的要求，而且还能够通过其独特的装饰性，为环境艺术设计增添色彩，营造出一种独特的氛围。它不仅丰富了环境艺术设计，而且为空间环境装饰提供了多样的物质基础，使得空间更加美观、舒适。①

① 刘亚伟．观赏石在现代室内环境设计中的运用研究[D].保定：河北大学，2018.

二、环境艺术设计意境要素分析

空间环境的陈设是环境艺术设计意境营造的重要组成部分，除实用功能外，它作为有形的意境要素起着调节环境、渲染气氛、强化设计风格、增强空间环境意境的作用。空间环境中的陈设布置，无论围、合、透、分、藏、露、启等，其目的都是为人们争得空间环境更大程度的自由与解放。环境艺术设计的成功与否，取决于空间陈设品在整个环境中能否揭示空间存在的意义。可以说，空间环境的陈设是环境艺术设计中的点睛之笔，其表现内涵远远超过美学范畴而成为某种理想的象征。具有中国传统美学意境的环境艺术设计精神内涵就是要体现人们回归传统的情感，表达现代人的审美情绪、意志和行为。

中国传统美学意境追求“空纳万境”，直白的东西越少，其能衬托出的内涵越多，也能给予观者更大的想象空间。中国传统美学意境通常采用优雅、简洁、宁静、质朴的陈设，化繁为简，高度理性，以最简洁的手法表现复杂精巧的结构设计思维，使人们从环境艺术设计中获得纯粹而强烈的心理感受，感受到其简约而不简单的东方意境氛围。

（一）空间环境的色彩要素

世界上的一切物体都是因光的照射作用显现出其物象的，而一切物象则是各种不同色彩的结合。物体在自然光的照射下，显示出不同的颜色，人则通过视觉来获取相关的环境信息，得到不同的心理感受。因此，营造出舒适的空间环境，使人们能通过视觉来了解并准确获取周围信息就显得格外重要。光线和空间环境物品以及它们的不同材质、色彩构成了环境艺术设计的色彩氛围。空间环境及其内部装饰、门窗及其位置、人工照明与自然光等环境要素决定了视野的亮度和亮度分布，视觉对象与背景的对比和外观颜色，将影响观察者的视觉灵敏度。可以说，色彩是我们感知空间环境的重要手段。人们对物体特性的认知分为两个层次：第一个层次是客观的、普遍性的、无关个人的，对物体形状和大小的认知；第二个层次是对物体色彩、质感、声音和气味的主观认知。在环境艺术设计中，形状与色彩互动通常能表达出共同的感情色彩。我们在进入一个空间环境时，第一感觉通常很重要，而这第一感觉即人们对空间环境色彩的感知。空间环境色彩的改变带来空间环境氛围的变化，人的情绪也将随之波动。

色彩是最直观的视觉审美对象，是环境艺术设计不可或缺的设计元素。色彩本身并没有感情，但对色彩的运用可以起到烘托氛围、营造意境的作用。通过色彩的外部刺激，人们通常会对事物产生种种联想。

大自然孕育了人类，也以其壮丽、多彩多姿的景象让我们折服，在自觉与不自觉中，我们总是试图把大自然的美好景象带入我们生活的空间环境中，环境艺术设计就因此成为大自然向建筑内部的延伸。空间环境内部的色彩氛围总能唤起人们自然、无意识的联想，来自外部的视觉传达激活了早已存在于观者内心的敏感倒影，从而使观者获得独特的审美体验。色彩有着丰富的视觉语言及独特的审美角度，能高度艺术化地概括中国传统美学的审美本质。色彩的巧妙运用，能将抽象情趣在具体的空间环境中表现出来，既体现了环境艺术设计的层次，又营造了中国传统美学的艺术氛围，展示了中国传统美学的美感和境界。在具有中国传统美学的环境艺术设计中，色彩观可将用色大致分为以下两类。

1. 自然色

不同颜色的光、不同颜色的物体会形成不同的室内环境色彩，环境艺术设计中的色彩因素直接影响着人们的身心感受。例如，人们在红色的环境中容易情绪激动、思维活跃；绿色的环境让人心情舒畅，联想到健康与轻松；蓝色的环境让人处于宁静的状态。环境艺术设计运用色彩要素能营造出不同的氛围，许多设计师都很重视在环境中运用色彩。例如，餐饮环境通常用红色吸引人的注意力，同时人们在这种氛围中可以加快进餐的速度，提高了人流量；一些商业环境则多使用艳丽明快的颜色，用于活跃空间的气氛，勾起人们购买的欲望，人们会在这样的环境中变得激动，商品也会销售得更快。

具有中国传统美学意境的环境艺术设计中通常以单色或极少的色彩来表现自然之美，这与中国传统美学的观念是相通的。一方面，中国传统美学思想主张显现个性，对于光和构成空间环境的物质来说，以其自然、原有的面貌去展现其个性，不求更多的加工与修饰；另一方面，中国传统美学意境的色彩是素净的，以最少的、最简单的色彩构成幽静的空间环境，这样的环境才能让人沉下心来，不被周围喧哗的世界所干扰，从而在现实世界中体会自然的美妙。缤纷的色彩不被东方美学意境空间环境看重，甚至很少出现，所以中国传统美学意境空间的色彩是自然的色彩。在此基础上，中国传统美学的意境空间会采用饱和度较低的形式呈现自然中的色彩，通常会使用白色、灰色、青色，这是被看“淡”的色彩，体现了东方美学意境空间的淡雅和纯净。

中国传统美学崇尚自然、向往自然。如原木的棕色、褐色，石板的青色、灰色及植物的绿色等都是中国传统美学意境环境中擅长使用的颜色，也是营造传统美学意境的环境艺术设计中经常使用的颜色。这些自然的色彩使环境具有一种朴素、和谐、纯净的气息。中国传统美学强调自然本色，尚纯而戒驳，体现了色彩的纯净自然之美。在环境艺术设计的过程中，恰当的色彩运用可以帮助设计师完善设计作品，烘托意境。用色时，应根据周围的环境、设计的主题、使用者的要求等先确定总体色调，进而考虑色彩使用的面积、比例等。

2. 浑浊色

浑浊色以黑、白、灰为主，呈现了浓厚的东方美学意境，能体现中国传统美学意蕴，文人雅士推崇的具有中国传统美学意境的水墨画、书法等就是运用浑浊色来表现其内敛及优雅的。浑浊色有一种经过岁月的积淀浑然天成且难以言喻的美，这种朦胧的、内敛的、优雅的色彩意境，与空灵、深邃、自然的中国传统美学意境交相辉映，带给人一种谦逊、简单、接近于自然的优雅和安宁的空间感受。墨色与浊色的运用可以实现黑白灰无色系与浊色系的多种变化，客观上大大减轻了色彩的迷惑性，通过最纯粹、最本质的手法使世界直接呈现在眼前。

（二）空间环境的艺术品要素

在环境艺术设计中，通常采用具有隐喻性和抽象性的艺术作品如书法、绘画等作为装饰。对艺术品的运用不要求多，而要求精准，起到画龙点睛的作用。此外，还利用中国传统的花窗、门、隔断作为分隔室内环境的陈设，它们既起到了实用的“隔”的功能，又呈现了美的装饰作用，产生多个层次空间，形成隔而未隔、似有如无、含蓄、内敛、隐约的自然境界。中国古代有拈花示众的传说，这种极具美学意蕴的、传说形成的装饰元素也经常被运用到室内环境陈设艺术中。

在环境艺术设计中，陈设艺术品的主要作用就是装饰，但也不能说每一件艺术品都适合特定的空间环境装饰。在空间环境的其他装饰，如界面装饰、家具、灯具、绿化、织物等布置完成之后，就可以在适当的位置进行艺术品的装饰。艺术品的选择要充分考虑材质、色彩、造型等因素，并与环境艺术设计装饰风格、空间形式和家具样式相统一，为营造环境艺术设计装饰主体氛围服务。艺术品的大小要与环境艺术设计尺度及家具尺度形成良好的比例关系，其大小应以空间环境尺度和家具尺度为依据，不宜过大也不宜过小，最终达到视觉上的均衡。艺术品的布置要主次得当，从而增加环境艺术设计的层次感。艺术品的摆放也要符合人们的审美习惯。应注意的是，艺术品在环境艺术设计中主要起到点缀的作用，不能一味地追求多，过多过滥反而不美，要能够在恰当的地方恰如其分地运用，进而强调和烘托空间环境装饰的美感。

（三）空间环境的山石要素

山石是环境设计中常用的文化要素，是除展示品之外最重要的物质要素之一。它们本身就体现了中国传统美学的生态和环保思想，这也决定了它们有可能成为东方美学意境塑造的要素。山石是大自然带给我们的礼物，是我们享受视觉美感和放松心情的重要途径，是我们进行人生超越和回归的重要载体。山石可以反证生命的脆弱，如光秃的山上不易生长植物；也可以印证生命的坚强，如松树可以生长在黄山上的悬崖峭壁间。这一方面反映了山石的坚强，另一方面佐证了生命的坚韧，这些都体现了山石的永恒、坚强及不屈不挠的精神，表明山石是一种历史和文化的象征。

（四）空间环境的水要素

水孕育了动植物的生命，孕育了人类历史上灿烂的文明，水使过去的、现在的、未来的世界变得绚丽灿烂。

水有时是流动的，有时是静止的。水在大海中咆哮，水在江河中奔腾，水在小溪中流淌，水在湖泊中沉静……然而，水的真正意境却是人为赋予的，因此，在环境艺术设计中应该多方位地考虑人与水的相互作用，提高人的参与性，丰富人们的空间感受，营造出良好的水的意境空间。此外，由于水是一种自然要素，也是一种具有文化特性的物质，人在与水的接触中，会产生一系列的心理活动和反应，如联想到自然中的水景等。水要素的运用，能满足人们回归自然和亲水等心理需求。除此之外，设计师在环境艺术设计中应注重各种水文化和习俗，形成文化的延续，充实水要素的精神意义，充分体现水要素中的人文内涵。

人们对水的审美情感，与社会、文化观念相结合，形成了水的传统美学观念意识。中国传统美学意境中水的文化意识，既赋予了人们对水的深刻理解和丰富想象，又为水体景观环境的历史性和文化性提供了背景。

第二节　环境艺术设计的思维

一、艺术设计思维的特征

（一）多重性

设计思维不是单一的思维形式，而是多种思维形式的协调统一。

思维按不同标准划分可分为不同类别，如按事物内外关系的规律程度分为逻辑思维与非逻辑思维；按形象的特征抽取程度分为抽象思维与形象思维；按思维过程的时间长短程度分为渐悟思维与顿悟思维；按思维过程是否有现成的规律、方法可以遵循或者思维结果是否前所未有分为创造性思维与重复性思维；按思维的精确程度分为精确思维与模糊思维。此外，还有言表思维与意会思维、理论思维与经验思维、个体思维与群体思维、潜思维与显思维等多种分类。此外，思维的多重性还表现为以下五点。

第一，由于设计与艺术、科技与经济密不可分，而通常艺术偏重于非逻辑思维，科技与经济则更强调逻辑思维，因此设计思维既包含了逻辑思维，又包含了非逻辑思维。

第二，在设计过程中抽象性的概念联想及判断推理、数据处理与换算是设计中的重要阶段。而形象的表达又是设计的根本途径，因此设计思维兼有抽象思维和形象思维。

第三，设计中的直觉、灵感是十分重要的，而同时设计通过分析判断又可以一步一步接近最终的设计目标，如设计师在不断观察和思考时会突然产生灵感，然后再对捕捉到的灵感进行多方面的分析研究，最终使设计灵感变为一个较完善的产品。因此，设计思维兼有顿悟思维与渐悟思维。

第四，设计的创造性是设计的本质特征，但设计必定会遵循前人的经验。因此，思维的重复性不可避免，只是设计思维更强调创造性思维。

第五，设计的艺术特征决定了设计思维不可能完全精确，而设计的科技特征又决定了设计思维最终不可能模糊、必须精确。因此，设计思维既是精确思维也是模糊思维。

总体来看，正是设计的跨学科特征决定了设计思维的多重性。

（二）多向性

设计思维的多向性指思维突破“定向”“系统”“规范”“模式”的束缚。在学习过程中，不拘泥于书本所学、教师所教的。遇到具体问题能灵活多变，活学活用活化；善于从不同的角度思考问题，为解决问题提供多种思维。思维的多向性还表现为以下四点：

一是“发散机智”，即在一个问题面前，尽可能提出更多的设想、多种答案，以扩大选择余地。

二是“换元机智”，即灵活的变换影响事物质和量的某一个因素，从而产生新的思路。

三是“转向机智”，即思维在一个方向上受阻时，马上转向另一个方向，寻找新的思路。

四是“创优机智”，即用心寻找最优答案。

（三）独创性

所谓思维的独创性，就是指在设计概念生成的过程中，设计师打破惯有的思维模式，赋予设计对象以全新的意义，从而创造出新的设计方案。设计思维的独创性体现在思维不受传统习惯和先例的禁锢，超出常规；在学习过程中对所学定义、定理、公式、法则、解题思路、解题方法、解题策略等提出自己的观点、想法，提出科学的怀疑、合情合理的“挑剔”；与众人、前人不同，独具卓识。

设计的独创性有以下两个方面的要求。

一方面，独创性要具有不满足感、好奇心、成就欲等心理因素。不满足感，就是要求设计师在设计过程中要善于发现设计对象的某些缺陷，并想办法对其加以改进。好奇心就是设计师对设计对象的研究要具有求知欲，并勇于探索。成就欲是指设计师要具有成就一番事业的欲望，有挑战精神。

另一方面，思维的独创性还要具有变通力、洞察力等智力方面的因素。变通力就是要求设计师能举一反三、由此及彼、触类旁通，弹性地去处理设计问题。洞察力是指设计师要能看透设计对象的本质，使设计简洁化、条理化。现在设计专业学生的立体构成课，就是培养思维独创性的训练课，需要学生用卡纸等有限的设计材料，做出无限的创意。

（四）超越性

设计思维的超越性一方面是指在常规的思维进程中，省略某些步骤，从而加大思维的“前进跨度”；另一方面指从思维条件的角度来讲，跨越事物的限制，迅速完成“虚体”与“实体”之间的转化，拓宽思维的“转化跨度”。

在设计思维的进程中，对问题的最终突破往往表现为逻辑的“中断”和思维的“飞跃”。这种“中断”和“飞跃”实际上都是突破思维进程中的应有步骤，是实现超越步骤中跨度转换的过程。

在进行思维的超越时，应有一个条件，即对有关的知识已经掌握得比较全面、透彻，对事物发展的趋势也有了比较正确的预测。否则，在对事物的有关知识和发展趋势毫无了解的情况下，进行思维的超越，更像是胡思乱想、东拉西扯。如果我们对事物一无所知，那么我们有很大可能谈不上对事物有思考，更谈不上实现超越性思考。

（五）跃迁性

所谓设计思维的跃迁性，就是指人们在研究设计物并对它进行界定、展开意念创造时，从逻辑思维中断到创新思维的跨越过程。但是这种思维不是天上掉下的馅饼，也并非什么机缘巧合，而是设计师设计知识和经验长期积累的结果，并在外界客观环境的激发下，灵感智慧在瞬间迸发。正如牛顿发现苹果落地，而创造出牛顿力学第二定律一样，在此之前，看到苹果落地的人不止一个，但是得出定律的却只有牛顿。

在设计思维过程中，人们往往难以逃出对原有某一具体产品的认识，形成思维定式。例如，让我们设计一种杯子，我们先想到的就是现有的杯子形状，如果扩展开来，杯子的功能就是装水、喝水，是否具有此功能的器皿都可以成为杯子呢？通过这种思维的跃迁，我们就有望打破定式，形成创意思维。在面对一个设计对象，对其进行思维界定时要注意以下两个问题：第一，要把握设计对象的原有概念和机能，不要随意地去剥夺想象的自由度，否则容易形成思维定式，妨碍创造性思维；第二，要顾及涉及概念本身所隐含的功能。

（六）易读性

设计思维的易读性是按照易于理解的方法将设计意念的各种符号信息有秩序组织起来，发展成为语义结构的符号识别，从而完成设计语言转换的思维特点。人类和动物最大的区别就是人类有劳动和语言符号，为了能让使用者轻松地学会设计产品的使用方法，产品语义学也作为一门学科应运而生。因此，设计思维要具有易读性，尽量让最大的消费人群能够轻松地掌握产品的使用方法。

二、环境艺术设计思维

（一）对比与优选思维

对比是优选的前提，没有对比就无选择可言。选择是对纷繁的客观环境进行对比、提炼、优化，合理的选择是科学决策的基础，选择失误往往会导致失败。人脑最基本的活动体现于选择思维，这种选择的思维活动渗透于人类生活的各种层面，人的行走坐卧、穿衣吃饭等各种个人行为，无不体现着大脑受外界信号刺激形成的选择。人的学习、劳动、经商、科研等社会行为，无一不是经历各种选择考验的。选择是通过不同客观事物优劣的对比来实现的，这种对比优选的思维过程成为判断客观事物的基本思维模式，这种思维模式的依据是因对象的不同而呈现出不同的思维参照系数。

就环境艺术设计而言，选择的思维过程体现于多元图形的对比、优选，可以说对比优选的思维过程是建立在综合多元思维渠道及图形分析思维方式之上的。没有前者作为基础，后者的选择结果也不可能更好。一般的选择思维过程是综合各类客观信息后的主观决定，通常是基于经验的逻辑推理过程，形象在这种逻辑的推理过程中虽然有一定的辅助决策作用，但远不如在环境设计对比优选的思维过程中那样重要。可以说对比优选的思维决策，在艺术设计领域主要依靠可视形象的作用。

在概念设计阶段，设计师通过对多个具象图形空间形象的对比优选来决定设计发展的方向。通过抽象几何线平面图形的对比，优选决定设计的使用功能；在方案设计阶段，通过对正投影制图绘制不同平面图的对比优选，来决定更好的功能分区，通过对不同界面围合的室内外空间透视构图的对比优选，决定最终的空间形象；在施工图设计阶段，通过对不同材料构造的对比优选，决定合适的搭配比例与结构。通过对不同比例节点详图的对比优选，决定适宜的材料截面尺度。一个概念、一个方案的诞生，必须依靠多种形象的对比。在构思阶段，设计师不能在一张纸上用橡皮反复地涂改，而要学会使用半透明的复制纸，不停地修改自己的想法，每一个想法都要切实地落实于纸面，不要随意扔掉任何一张看似纷乱的草图。积累对比、优选的经验与方法，好的方案、好的形式就可能产生。

（二）表现与整合思维

设计的过程是先拟定出整体的构想，再把构想分解为项目计划，在项目计划中去论证和规划出可行的方案，并通过各项目计划的实施来实现设计的构想。而设计表现图是在尚未实施各项目计划时，把握项目计划可能产生的结果，去表现出设计的整合效果。

表现图中不仅要严谨地把握各项目计划的特点要求，更要把握住各项目计划方向的关系和所构成的完整性和统一性结果。因此，设计表现过程中整合思维方式是十分重要的，设计表现图中的整合思维方式是建立在较严密的理性思维和富有联想的形象思维之上的。

设计中的各项目计划给出的界定，在表现图中是以理性思维的方式去实现它的可能性的，如空间的大小、设备的位置、物体的造型、灯光设置等，都可以按照设计制图中的图示要求，运用透视作图的方法将各透视点上的内容形象化。但是，各部分形象的衔接和相互的作用却只能以形象思维的方法去实现，如空间的大小与光的强弱，物体的远近与画面层次，受光、背光的材质与色彩变化投影的形状与位置等，都是在考虑各部分形象间的相互作用和影响所产生的整体气氛效果中形成的，这种既有理性又有想象的思维方法，是设计表现图中的整合思维的核心。

设计表现中的整合思维方法，要求在从每一个局部入手作图时，始终要顾及各局部间的关系和这些关系所产生的相互作用，只有这样，才能较为准确地表现出设计方案的整体效果，才能使人们通过对表现图的视觉感受去领会设计方案的可行性和价值所在。

（三）图形分析思维

环境艺术思维的基本素质是对形象敏锐的观察和感受能力，这是一种感性的形象思维，更多地依赖于人脑对于可视形象或图形的空间想象。这种素质的培养，主要依靠设计师本身去建立起科学的图形分析思维。

所谓图形分析思维，主要是指借助于各种工具绘制不同类型的形象图形并对其进行设计分析的思维过程。就环境艺术任何一项专业设计的整个过程来说，几乎每一个阶段都离不开图形的表达。在概念设计阶段的构思草图包括空间形象的透视立面图、功能分析的坐标线框图；方案设计阶段的图纸包括室内外设计，园林景观设计中的平面与立面图、空间透视与轴测图；施工图设计阶段的图纸包括装饰的剖立面图、表现构造的节点详图等。由此可见，离开图纸进行设计几乎是不可能的。

无论在设计的什么阶段，设计师都要习惯用笔将自己一闪即逝的想法落实于纸面，培养图形分析思维方式的能力。而在不断的图形绘制过程中又会触发新的灵感，这是大脑思维形象化的外在延伸，完全是一种个人的辅助思维形式，而优秀的设计往往就诞生在这种看似纷乱的草图当中。不少初学者喜欢用口头的方式表达自己的设计意图，这样是很难被人理解的。在环境设计领域，图形是专业沟通的最佳语汇，掌握图形分析思维方式也是设计师职业素质的体现。

实现环境艺术设计图形思维方式的途径，归纳起来是以下三种绘图的类型：第一，空间实体可视形象图形，表现为速写式的空间透视草图或空间界面样式草图；第二，抽象的几何线平面图形，主要表现为关联矩阵坐标、树形系统、圆方图形三种形式；第三，基于几何画法之上的严谨的透视图形，表现为正投影制图、三维空间透视图形等。

第三节　环境艺术设计的方法

一、任务分析

对设计任务进行分析，是环境艺术设计的第一步。如果没有真正理解任务，那么后面的步骤就不存在任何意义了。

（一）对设计要求的分析

1. 项目使用者、开发者的信息

（1）使用者的功能需求

分析使用人群功能需求的重点是对该人群进行合理定位，了解设计项目中使用人群的行为特点、活动方式以及对空间的功能需求，并由此决定环境设计中应具备哪些空间功能，及这些空间功能在设计方面的具体要求。下面，我们举两个不同类型的校园设计的例子对其进行说明：

①中小学校园环境设计，以中小学生及教师为服务对象。他们需要道路、绿地学生运动、劳动所需的各类场地，以及无障碍设施。

②大学校园环境设计，其主要服务对象是大学生及教师。与中小学相比，其规模较大，往往包括教学区、文体区、学生生活区、科研区等部分，其功能与中小学不同。

综上所述，对使用人群功能需求的分析十分重要，这需要设计师在设计之前多加考虑。

（2）使用者的经济、文化特征

分析经济与文化层面的原因在于环境艺术设计还应满足人们的精神需求。如一个时尚驿站式酒店，其消费人群主要是都市中的年轻人，他们具有时尚、前卫的特征，所以为这类人群设计酒店环境应当充分考虑住宿的舒适、便捷，注重设计元素的时尚感和潮流性，以及时尚氛围的渲染。

（3）使用者的审美取向

使用人群的审美取向，也是需要设计师重点把握的内容。在进行审美取向的分析过程中，应当以视觉感受为主，具体应考虑以下四点。

①对空间的具体划分布局。

②与光线相关的美学问题，如光环境是怎样的、灯具需要怎样的造型。

③与家具有关的问题，如室内的家具是怎样的造型、选择什么样的色彩及材质。

④室内在总体上的陈设风格及色调。

对使用人群审美取向的研究可以满足目标客户的需要，使其对设计的满意度大大提高，如官员眼中的“得体”、艺术家个性“张扬”、商人追求的“阔气”等。不同人群有着不同的对美的认知和理解，对他们的审美取向有一定的把握可以更好地领悟其审美需求，这种理解和把握也并非设计师漫无目的的迎合，而是以其为依据设计出符合其审美要求的设计决策。

（4）与客户进行良好、有效的沟通

与客户进行沟通，对于设计者而言十分重要。在沟通与交流的过程中，客户会表达出自己的想法与喜好，这样一来，设计者就能更加了解客户的信息，有利于后续的工作开展。

环境艺术设计不仅仅是多学科的交叉，还具有非常鲜明的商业特性，如对店面、餐厅、酒店等展开的设计，常常被称为“商业美术”。其商业性主要表现在以下两个方面：一方面对于设计者而言，这种商业性就是获取项目的设计权，用知识和智慧获取利润。另一方面对于开发商而言，则是通过环境设计达到他们的商业目的，打造适合于项目市场定位和满足目标客户需求的环境空间，使客户置身其间，能体验到物质、精神方面的双重满足感，从而为这种环境消费，并使商家从中获利。因此，与开发商的良好沟通，有利于设计者充分了解项目的真实需求，准确定位开发商的意图，以及客户心中对项目未来环境的设想。这样一来，便能够创造出更好的环境艺术作品。

（5）客户的需求和品位

在项目设计过程中，在与客户进入了深入和全面的沟通后，设计者应对在沟通中所获得的相关资料进行详细而客观的分析。大致包括以下两点内容：

①分析开发商的需求。在分析开发商的需求时，应注意两个方面的内容：一

方面，通过沟通，分析出开发商对该项目的商业定位、市场方向、投资计划、经营周期、利润预期等商业运作方面的需求。例如，同样是餐饮业，豪华酒店、精致快餐、异国风味、时尚小店、大众饭店等均是餐饮业的表现形式，一旦投资者确定了一种定位和经营方式，那么无论从管理模式、商品价位、进货渠道、环境设计等任何一个方面都要符合其定位。这时，设计师需要更多地从商业角度去分析并体会投资者的这种需求，从而制定出设计策略，考虑在设计中将如何运用与之相适应的餐饮环境设计语言，最终创造出较为理想的环境。另一方面，通过沟通，分析投资者对项目环境设计的整体思路和对室内外环境设计的预想。此时，设计师将以专家的身份提出可行性的设计方案，该设计方案需要兼顾项目的商业定位和室内外环境设计的合理性及艺术性原则，还需要考虑投资人对项目环境的期望，包括对项目设计风格、设计材料、设计造价的需求。

②分析开发商的需求品位。如今，很多行业都热衷于提及“品位”一词，故而它已成为一种潮流。品位多与一个人的内在气质有着极其密切的关系，从某种角度来讲，品位也是一个人内在道德修养的外在体现。

在对开发商品位进行分析时，设计师要注意不能仅仅是单单对其“本人”进行分析、调查，否则会过于片面。还应当通过沟通来感受投资者乃至整个团队的品位，从而对其在设计项目上的欣赏水平有一个很好的判断和把握。这还不是最终的目的，设计师在对开发商的欣赏品位有一定把握之后，还要对业主的环境期望展开详细的分析。这就要求设计师在整个项目的定位与开发商的主观意识之间进行必要的协调，尤其是当开发商或投资者主观意识与整个项目定位相偏离时，最终保证以自己的专业设计技术来实现更高的环境艺术设计标准。

在整个调研过程中，设计师一方面要考虑投资者的要求，尽最大的努力满足其对项目环境的设计要求；另一方面应该保持积极的态度，要对最终设计实施的可行性与可能达到的效果进行科学而客观的分析。当投资者的意愿与设计效果的最终实现出现矛盾时，设计师应当先对投资者的意见和建议给予充分的尊重，然后以适当的方式提出合理化建议。

2. 设计任务书

在环境艺术设计过程中，功能方面的要求在设计任务书中起指导性的作用，通常而言包括图纸和文字叙述两个方面。设计任务书在详尽程度方面要以具体的设计项目为依据，但无论是室内还是室外的环境艺术设计，任务书所提出的要求都应包括两方面的内容：

一方面，功能需求。功能需求包括许多内容，如功能的组成、设施要求、空间尺度、环境要求等。在设计工作中，除遵循设计任务书的要求外，还一定要结合使用者的功能需求综合进行分析；另外，这些要求也不是固定不变的，它会受社会各方面因素的影响而产生变动。例如，在室内设计中，当按以往的标准设计主卧时，开间至少达到 3.9 米，才能既满足内部设施的要求，又能达到舒适度的要求。但伴随着科技的发展，壁挂式电视走入千家万户，电视柜已无用武之地，其以往所占的空间就得以释放，此时 3.6 米开间的设计可以达到舒适度的标准，而节约下来的不仅仅是 0.3 米的开间。

另一方面，类型与风格。同类型或风格的环境设计，具有不同的特点。如纪念性广场，需让人感受到它的庄严、高大、凝重，为瞻仰活动提供良好的环境氛围。而当人们在节假日到商业街休闲购物时，这里的街道环境气氛就应是活泼、开朗的，并能使人们感到放松，释放工作、生活上的压力，获得轻松、愉悦的感受。这时环境设计可以考虑自由、舒畅的布局，强烈、明快的色彩，醒目、夸张的造型，使置身其中的购物者深受感染。由此可见，设计师应紧紧围绕环境的特征来进行环境艺术设计。

（二）环境设计条件分析

1. 室内设计条件分析

实际上，室内环境设计往往受制于诸如房间的朝向、采光、污染源等各种条件。由此，在设计时应当对这些条件进行充分的分析，进行有的放矢地处理。此外，建筑条件也是室内环境艺术设计的重要影响因素，设计师必须分析建筑原始图纸，具体来讲需要注意以下五点。

第一，分析建筑功能布局。建筑设计尽管在功能设计上做了大量的研究工作，确定了功能布局方式，但依旧会存在不妥的地方，这是无法避免的。设计师要从生活细节出发，通过建筑图进一步分析建筑功能布局是否合理，并在后续的设计中进行改进和完善。

第二，分析室内空间特征。如分析室内空间是围合还是流通，是封闭还是通透，是舒展还是压抑，是开阔还是狭小等室内空间的特征。

第三，分析建筑结构形式。众所周知，室内环境设计是基于建筑设计基础上的二次设计。在设计工作的过程中，有时由于业主对使用功能的特殊要求，需要变更土建形成的原始格局和对建筑的结构体系进行变动。此时，需要设计师对需调整部分进行分析，在保证建筑结构安全的前提下适当地进行调整。显然，这是为了保证安全必须进行的分析工作。

第四，分析交通体系设置特点。分析室内走廊及楼梯、电梯、自动扶梯等垂直交通联系空间在建筑平面中是怎样布局的，它们怎样将室内空间分隔，又怎样使流线联系起来的。

第五，分析后勤用房、设备、管线。分析建筑物内一些能产生气味、噪声、烟尘的房间对使用空间的影响程度，以及怎样把这些不利影响减少到最低限度。还要阅读其他相关的工程图纸，从中分析管线在室内的走向和标高，并在设计时采取相应对策。

通过分析上述五点内容，我们不难看出，阶段的条件分析应该是全方位的，凡是从图中可以看出的问题都应该加以分析考虑。分析能力也是衡量设计师业务素质的重要评价标准之一。在这里，需要特别强调的一点是，有时由于实际施工情况和建筑图纸资料之间存在误差，或者是由于建筑图纸资料缺失，需要设计师到实地调研，深入地分析建筑条件的现状。

2．室外设计条件分析

自然因素，人文因素，经济、资源因素，建成环境因素是在室外设计条件的分析过程中的四大内容。

（1）自然因素

每一个具体的环境艺术设计项目都有其特定的所在地，而每一个地方都有其特有的自然环境。在一个设计开始时，需要对项目所在场地及所处的更大区域范围进行自然因素的分析。例如，当地的气候特点，包括日照、气温、主导风向、降水情况等，当地的地形、坡度、原有植被、周边是否有山、水自然地貌特征等，这些自然因素都容易对设计产生有利或不利的影响，也有可能成为设计师灵感的来源。

（2）人文因素

任何城市都有属于自己的历史与文化，形成了不同的民风民俗。所以，在设计具体方案之前，设计师必须对所在地的人文因素进行调查与深入分析，并从其中提炼出对设计有用的元素。

以上海“新天地”为例，该商业街是以上海近代建筑的标志之一——石库门居住区为基础改造而成的集餐饮、购物、娱乐等功能于一身的国际化休闲、文化、娱乐中心。石库门建筑是中西合璧的产物，更是上海历史文化的浓缩反映①。新天地的设计理念正是从保护和延续城市文脉的角度出发，大胆改变石库门建筑的居住功能，赋予它新的商业经营价值，把百年的石库门旧城区，改造成一片充满生

① 孙俊桥．城市建筑艺术的新文脉主义走向[M]．重庆：重庆大学出版社，2013．

命力的新天地。而这一理念迎合了现代都市人群对城市历史的追溯和对时尚生活的推崇。在环境艺术设计的具体实施上，新天地保留了建筑群外立面的砖墙、屋瓦，而每座建筑的内部，则按照 21 世纪现代都市人的生活方式、生活节奏、情感世界量身定做，体现出现代休闲生活的气氛。漫步其中，仿佛时光倒流，犹如置身于 20 世纪二三十年代的上海，但跨进每个建筑内部，则非常现代和时尚，每个人都能体会新天地独特的魅力，也都能从中感受其独特的文化韵味。

（3）经济、资源因素

经济增长的情况、经济增长模式、商业发展方向、总体收入水平、商业消费能力，资源的种类、特点及相关基础设施建设的情况等，是分析项目周边经济、资源的主要因素。

（4）建成环境因素

建成环境因素是指项目周边的道路、交通情况、公共设施的类型和分布状况、基地内和周边建筑物的性质、体量、层数、造型风格等，还有基地周边的人文景观等。设计师可以通过现场踏勘、数据采集、文献调研等手段获得上述相关信息，然后进行归类总结。这一步骤十分重要，必须认真进行。

而建成环境的分析主要是指对原建筑物现状条件的分析，包括建筑物的面积、结构类型、层高、空间划分的方式、门窗楼梯及出入口的位置、设备管道的分布等。应深入地分析原环境，因为只有这样才能少走弯路，使方案的可实施性得到提高。

二、资料的搜集与调研

在分析环境设计条件之后，该进入资料的搜集与调研阶段了。这一阶段的工作主要分为以下两部分内容。

（一）现场资料的收集

虽然随着现代地理信息技术的不断进步，人们坐在自己的办公室就可以对远在千里之外的建筑场地特征进行分析。仅仅凭借建筑图纸就可以建立起室内的空间框架和基本形态，然而，设计师对场地的体验和场地氛围的感悟则必须通过实地考察实现，而这种设计前的场地体验和感悟是借助任何的现代科技手段都无法获得的。

在对场地进行考察的过程中，设计师能够对场地的每一个细节用眼睛去观察，用耳朵去聆听，用心灵去细细地体会，搜集各种有价值的信息，而收集到的各种信息都有可能对项目产生影响，可能成为设计的亮点，也可能成为设计的切入点。由此可见，通过实地的勘察，更容易获得第一手资料。现场资料收集的方法主要有以下两个：

第一个方法是场地调查。场地调查包括室内调查与室外基地调查。

室内调查内容包括量房、统计场地内所有建筑构建的确切尺寸及现有功能布局、查看房间朝向、景象、风向、日照、外界噪声源、污染源等。

室外基地调查包括收集与基地有关的技术资料进行实地踏勘、测量两部分工作。有些技术资料可从有关部门查询得到，对查询不到但又是设计所必需的资料，应通过实地调查、勘测得到。基地条件调查的内容主要有以下五点：

第一，基地自然条件，如地形、水体、土壤、植被。

第二，气象资料，如日照条件、温度、风、降雨、小气候。

第三，人工设施，如建筑及构筑物、道路和广场、各种管线。

第四，视觉质量，如基地现状景观、环境景观视阈。

第五，基地范围及环境因子，如物质环境、知觉环境、区域规划法规。在这里，需要特别指出的一点是，基地条件调查应根据基地的规模、内外环境和使用目的分清主次，主要的应做深入详尽的调查，次要的可简要地了解。

第二个方法是实例调研。在设计师获取和积累知识的过程中，查询和搜集资料是比较有效的途径，而实地的调研也能够得到实际的设计效果体验。可以通过对同类项目室内外环境设计的调研分析获取相关信息，从中吸取经验教训，这对设计活动的顺利开展极为有益。查询和搜集资料主要依靠以下流程：

第一，准备工作。在实地调研之前应该做好前期准备工作，尽可能收集到这些项目的背景资料、图纸、相关文献等。初步了解这些项目的特点和成功之处，在此基础上进行实地考察才能真正有所收获。

第二，实例借鉴。实例的许多设计手法和应对设计问题的思路在设计师亲临实地调研时有可能引发创作灵感，在实际设计项目中可以借鉴发挥。实例中材料使用、构造设计等方面比教科书更直观、易懂。

第三，经过调研后，在把握空间尺度等许多设计要点上可以做到心中有数。

总之，设计师在实例调研过程中，应善于观察、细心琢磨、勤于记录。

（二）图片、文字资料的收集

实际上，如果环境艺术设计师想要使自己的设计作品更上一层楼，就应当对前人正反两方面的实践经验有所借鉴。对相关的规范制度进行了解，而不应当仅仅停留于对设计中功能与形式问题的探索。

此外，还应注意在应对相关的实际问题过程中运用外围知识来对创作思路进行启迪，对实际问题进行很好的处理。这样可以尽量避免在设计过程中走弯路、走回头路，加深对各类型环境的认识。

大体来讲，相关资料的收集包括以下三点：

第一，收集设计法规和相关设计规范性资料。设计规范，是每一位设计师应当遵守的规则。因此，设计师要先查阅相关的设计规范，并在设计过程中严格遵守，否则就容易产生违规现象，可能导致项目无法实施。

第二，收集项目所在地的文化特征。收集文化特征图片、记录地区历史、人文的文字或图片，查阅地方志、人物志等，也是设计师在进行设计之前的重要工作。其原因在于以下两个方面：一方面，可以启发灵感；另一方面，在设计中，运用特定设计要素时（包括符号、材料等），可以与当地地区文化产生一定联系。

第三，收集优秀设计项目的资料。在前期准备阶段收集优秀设计项目的图片、文字等资料，可以为设计工作提供创作灵感。在网络时代，设计师能够通过网络和书籍搜寻到全国各地、世界各地的相关类型的设计资料，在短时间内领略到各国、各地的设计特色。

虽然资料的搜集可以对设计师的思路起到启迪作用，对设计师的设计起到借鉴作用。但是一定要避免先入为主，否则设计就容易走向抄袭的道路。

三、设计方案的构思与深化

设计方案的构思与深入，是设计师在任务分析之后需要做的工作。从大体上来讲，它包括以下四点内容。

（一）设计方案的思考方法

众所周知，世界上任何一个事物都不是完美的，环境艺术设计作品也不例外。即使是非常成功的作品也是经过不断推敲、完善才趋近完美的。在设计过程中进行思考，是为了应对一些问题。经过长期的分析与研究，我们对这些问题做出了总结，主要归纳为以下三点。

1. 整体与局部的关系

就整体与局部的关系而言，一般应该做到大处着眼、细处着手。整体是由若干个局部所组成的，在设计思考中，应全面地对整体设计任务进行构思与设想。然后深入调查、收集资料，从人体尺度、活动范围及流动线路等方面着手，进行反复的推敲，最终使局部与整体相吻合，在设计过程中，如果设计师对局部或整体任何一部分有所忽略，最终很可能得不到理想的设计效果。

2. 内与外的关系

室内环境的“内”包括与之相连接的其他室内环境，直至建筑室外环境的“外”，而这“内”与“外”之间是相互依存的密切关系。设计要从内到外、从外到内对其关系进行多次和反复的协调，使其更加完善合理。室内环境与建筑整体要协调统一。而在设计过程中，室内外的关系处理也是极其重要的一部分，在设计构思中要进行反复的协调，保证设计的合理性，否则可能会造成内外环境的不协调甚至是对立。

3. 立意与表达的关系

立意是一项设计的“灵魂”，只有具备明确的立意，才能更好地进行设计，从而设计出优秀的作品。好的立意更需要完美的表达，而这不是能轻易做到的，设计师能力的强弱也能在这方面得到体现。

优秀的设计师在设计构思和意图的表达上能够做到正确、完整和极富表现力，使得方案的评审者和落实方案的建设者能够通过相关的模型、图纸和说明资料等对设计师的设计意图有较为全面的了解。而在方案的投标竞争中，图纸的质量是第一关。其原因在于设计的方案、形象十分重要，但图纸表达则是设计师的语言，也是设计师的基本能力，一个优秀设计的内涵和表达应该是统一的关系。

（二）设计方案的构思

设计方案的构思，是方案设计过程中的重要环节，是借助于形象思维的力量，在设计前期准备和项目分析阶段做好充分工作以后，将分析和研究的成果进行落实，最终形成具体的设计方案，实现方案从物质需求到思想理念再回到物质形象的质的转变。方案的构思离不开设计师的形象思维，而创造力和想象力又是这种形象思维的基础，它呈现出发散的、多样的和开放的表现方式，往往会给人们带来眼前一亮的感觉。优秀的环境艺术设计作品给人们带来的感染力乃至震撼，都是从这里开始的。

创造力和想象力不会一蹴而就，一方面需要平时的学习训练；另一方面，还需要进行充分的启发与适度的“刺激”。比如，设计师平常可以多看资料，为创造力和想象的产生提供充分的基础，此外还要多画草图为其产生创造更多的条件。

形象思维的特点也决定了具体方案构思的切入点的多样性，并且更是要经过深思熟虑，从更多元化范围的构思渠道，探索与设计项目切题的思路。通常可从以下四个方向得到启发。

1．融合自然环境的构思

自然环境的差异在很大程度上影响了环境艺术设计，富有个性特点的自然环境因素如地形、地貌、景观等，均可成为方案构思的启发点和切入点。美国建筑师赖特设计的“流水别墅”，就是这一方面的典型案例。该建筑选址于风景优美的熊跑溪上游，远离公路且有密林环绕，四季溪水潺潺，树木浓密，两岸层层叠叠的巨大岩石构成其独特的地形、地貌特点。赖特在对实地考察后进行了精心的构思，现场优美的自然环境令他的脑海中出现了一个与溪水的音乐感相配合的别墅的设计灵感。

设计师将灵感付诸实践，得到了理想的设计成果：“流水别墅”巨大的挑台由混凝土制成，从其背后部的山壁向前翼然伸出，上下左右前后错叠的横向阳台栏板呈现出鲜艳的杏黄色，宽窄厚薄长短参差，造型令人瞩目。毛石墙材料就地取之，在砌筑时模拟了天然的岩层，宛若天成。而四周的林木也完全融入其中，在建筑的构成中穿插生长，旁边的山泉顺流而下，人工与自然交相辉映。

2．根据功能要求的构思

根据功能要求，构思出更圆满、更合理、更富有新意且满足功能需求的作品，一直是设计师所梦寐以求的理想效果，把握好功能的需求往往是进行方案构思的主要突破口之一。

例如，在日本公立刘田综合医院康复疗养花园的设计中，因为没有充足的预算，所以为了满足复杂的功能要求，必须在构思上反复推敲。设计师就从这片广阔大地的排水系统开始设计，在庭园中央设计一个排水路来提高视觉效果；同时，为了满足医院的使用功能要求，特别为轮椅使用者的训练设置了坡道、横向倾斜路、沙石路和交叉路等；设计师还为患有生活习惯病的患者准备了多姿多彩的远距离园路，使患者能在自然中不腻烦地进行康复训练；在花园中还设计了被称为“听觉园”“嗅觉园”和“视觉园”等的圆形露台，上置艺术小品，即使患有某种感官障碍的患者，在这里也能感觉到自己其他器官功能的正常，在心理上点燃了他们对于生活的希望。显而易见，这些都是设计师在把握具体功能要求的基础上进行的精心构思，值得我们学习与借鉴。

3．根据地域特征和文化的构思

建筑总是处在某一特定环境之中，在建筑设计创作中，反映地域特征也是其主要的构思方法。环境艺术设计和建筑设计密切相关，自然也要将这种构思方法贯彻到底。

反映地域特征与文化最直接的设计手法就是继承并发展地方传统风格，着重关注对传统文化中符号的吸取和提炼：

例如，西藏雅鲁藏布江大酒店的室内设计主要围绕着西藏地域建筑文化，着力渲染传统的"藏式"风格。墙上分层式的雕花、顶棚的形式、装饰用彩绘均是对西藏地域性文化特征的传承和体现。

又如，深圳安联大厦的景观设计，则更多是基于传统文化理论基础上的现代构成形式创新。建筑的空中花园根据楼层的高低不同，以富有生命活力的植物的种植来表现取意于《易经》中不同吉祥卦位的线条构成形式，寓意深远同时又体现了现代的风格。

显然，地域性的文化通过这种作品被充分地表达出来。设计师在设计这些作品的过程中，通常采用比较显露直观的设计手法，要靠人的感悟来体会其中所蕴含的更多、更巧妙的设计思想。

另外，在上海商城的设计中，美国建筑师波特曼（Portman）从中国传统园林中汲取营养，完全运用现代的设计手法，将小桥、流水、假山等巧妙地组合在一起，展现出浓郁的中国韵味。同时，在一些细部的构思上还有许多独特之处：中庭里朱红色的柱子，还有棋门、栏杆、门套的应用等没有一味地直接沿袭中国传统建筑的符号，而是进行了抽象化的再处理。它不仅能唤起人们对中国传统建筑的联想，还在空间的形式上营造出现代感。

4. 体现独到用材与技术的设计构思

材料与技术是设计师常常关注的主题。独特、新型的材料及技术手段能给设计师带来创作热情，激发无限创作灵感。

例如，位于美国加利福尼亚纳帕山谷的多明莱斯葡萄酒厂的设计者赫尔佐格（Herzog）和德梅隆（De Meuron）[①]，为了适应并利用当地的气候特点，想使用当地特有的玄武岩作为建筑的表面饰材，以实现白天阻热，吸收太阳热量，晚上将其释放出来，平衡昼夜温差的设计构思。但是周围能采集的天然石块又比较小，无法直接使用。故而，他们设计了一种金属丝编织的笼子，把小石块填装起来，形成形状规则的"砌块"。根据内部功能不同，金属丝笼的网眼有不同的规格，大尺度的可以让光线和风进入室内，中等尺度的用于外墙底部防止响尾蛇进入，小尺度的用在酒窖的周围，形成密实的遮蔽。这些金属丝笼装载的石头有绿色、黑色等不同颜色，它们和周边景致自然优美地融为一体，使建筑与自然环境更加协调。

① 郝占国，苏晓明．多元视角下建筑设计理论研究[M]．北京：北京工业大学出版社，2019．

在这里，需要特别指出的一点是，在具体的方案设计中，设计师应从环境、功能、技术等多个角度进行方案的构思，寻求突破口；或者是在不同的设计构思阶段选择不同的侧重点，这些都是比较常用的构思手段。

（三）多方案比较

1. 多方案比较的必要性

多方案构思是设计的本质反映。通常，人们认识事物和应对问题习惯于遵从方式结果的唯一性与明确性。而对于环境艺术设计来讲，认识和应对问题的方式结果是多样的、相对的和不确定的。这是由于影响环境设计的客观因素众多，在认识和对待这些因素时，设计师任何细微的侧重都会产生不同的方案对策，只要设计师没有偏离正确的设计观，所产生的不同方案就没有对错之分。

在环境艺术设计中，多方案是其目的性的要求。无论是对于设计师还是建设者，其最终目的是创造一个相对意义上完美的方案。此外，多方案构思是民主参与意识所要求的。让使用者和管理者真正参与到设计之中，体现了以人为本的思想。这种参与不仅表现为评价选择设计师提出的设计成果，而且应该落实到对设计的发展方向乃至具体的处理方式上提出质疑、发表见解，使方案设计真正担负起应有的社会责任。

2. 多方案比较和优化选择

提高设计师的设计方案能力的有效方法之一就是多方案比较。这些方案都必须有创造性，应各有特点和新意而又不雷同，否则就无法达到多方案比较的根本目的。

在完成多方案的设计后，设计师应展开对方案的分析比较，从中选择出理想的发展方案。从大体上讲，分析比较的重点应集中于以下三点。

第一，比较设计要求的满足程度。是否满足基本的设计要求，是鉴别一个方案是否合格的起码标准。一个方案如果满足不了设计要求，就无法获得成功。

第二，比较个性特色是否突出。一个好的设计方案，应该有其个性和特色，并且是优美动人的。如果一个设计方案平淡乏味，就很难使人们产生共鸣，容易变成失败的设计。

第三，比较修改调整的可能性。虽然任何方案或多或少都会有缺点，但有些方案的缺陷尽管不是致命的，却也是颇难修改的，如果进行彻底的修改不是会带来新的、更大的问题，就是会完全失去原有方案的特色和优势。因此，对此类方案应给予足够的重视，小心取舍，以防留下隐患。

在全面权衡后，最终定出相对合理的发展方案，定出的方案应当以某个方案为主，兼取其他方案之长，也可以将几个方案在不同方面设计的优点综合起来。

（四）设计方案的深化

进行多方案比较之后选择出的发展方案虽然相对合理可行，但此时的设计毕竟还处于概念层次上，可能还会存在一些问题。这时，还需要对设计方案进行调整、深化。

1. 设计方案的调整

为了应对多方案分析、比较过程中发现的矛盾和问题，设计方案应进行调整，并设法弥补设计中存在的缺陷。通常被挑选出的、需进一步发展的方案无论是在满足设计要求还是在具备个性特色上均已有相当的基础，对它的调整应控制在适度的范围内，应限于对个别问题进行局部的修改与补充。

2. 设计方案的深化

要达到方案设计的最终要求，需要一个从粗略到细致刻画、从模糊到明确落实、从概念到具体量化的过程。深化过程主要通过放大图纸比例，由面及点，从大到小，分层次、分步骤进行；为了更好地与业主沟通，应恰当地运用语言进行表达。

深化设计方案过程中需要注意的内容主要有以下三点。

①各部分的设计尤其是造型设计，应严格遵循一般形式美的原则，注意对尺度、比例、韵律、虚实、光影、质感及色彩等原则规律的把握与运用，这样一来便能得到较好的设计效果。

②方案的深化过程，必然伴随着一系列新的调整。除各部分自身需要适应调整外，各部分之间必然也会产生相互作用、相互影响，设计师对此应有充分的认识。

③实际，方案的深化是一个长期的、多次循环的过程，需经历深化—调整—再深化—再调整等多次循环的过程。显而易见，这个过程的工作强度、难度是很大的。因此，要想完成高水平的方案设计，除要求具备较高的专业知识、较强的设计能力、正确的设计方法及极大的专业兴趣外，还不可缺少细心、耐心和恒心等素质。

四、模型制作

模型制作是方案设计的最后一个步骤。模型能以三度空间表现一项设计，使观赏者能从不同角度观看并理解所设计形体、空间及其与周围环境的关系，能弥补图纸的局限性。环境设计项目伴随着复杂的功能要求及巧妙的艺术构思，常常会得出难以想象的形体和空间，仅用图纸来描述这些艺术构思是难以充分表达它们的。设计师常常在设计过程中借助模型来酝酿、推敲和完善自己的设计创作。需要强调的是，模型只是一种表现技巧，不能完全替代设计图纸。

按照用途可将模型分为以下两大类：正式模型，多在设计完成后制作；工作模型，多用于推敲方案在设计过程中的制作和修改。

二者在制作方面存在很大差异：正式模型的制作较为精细，工作模型的制作较为粗糙。

（一）正式模型的制作

正式模型应准确完整地表现方案设计的最后成果，还应当具有一定的艺术表现力和展示效果。通常情况下，模型表现可运用以下两种方式：第一，以各种实际材料或代替物，尽量真实地表达空间关系效果的模型。第二，以某一种材料为主，如卡纸、木片等，将实际材料的肌理和色彩进行简化或抽象的模型。其优点是把主要精力集中在空间关系处理这一要点上，不必为单纯的材料模仿和烦琐的工艺制作耗费过多的时间。

（二）工作模型的制作

工作模型能够及时地把方案设计的内容以立体和空间的表现方式形象地展示出来，它具有更为直观的效果，有利于方案的改进与深入。在设计过程中，设计方案和制作模型可以交替进行，它们能相辅相成地帮助设计师改进完善设计的方案。可以从方案的平、立、剖面的草图阶段就开始制作模型，也可以直接从模型入手，利用模型移动的便利和空间功能的改变再改进方案构思和比较，然后在图纸上做出平、立、剖面图的记录。通过不断修改草图和模型，就能使方案接近完善。

对于制作工作模型的材料，设计师应尽量选择诸如卡纸、木材、聚苯乙烯块等易于加工和拆改的材料。在这里，需要强调的是，工作模型的制作不需要像正式模型那么精细，且应易于改动，重点是空间关系和气氛表达的研究。

第三章　环境艺术设计中的美学规律与生态美学

从美学角度来看，现代环境艺术设计包含了多方面的美学特征，本章分别从环境艺术设计中的美学规律、环境艺术设计中的生态美学两方面对其美学层面进行阐述。

第一节　环境艺术设计中的美学规律

在环境艺术设计中所强调的美，既包括形式美又包括内容美，是形式与内容的有机统一。环境艺术美学规律是人类在长期创造美的生活实践中所积累的、有关形式之美的经验。它既是一种审美体验与审美思维，又是指导人们创造美的形式规律。

一、变化与统一

变化与统一是人们认识事物发展的客观规律，也是艺术设计美学法则中的一个重要规律。变化是寻找各部分之间的差异，统一是寻求它们之间的内在联系、共同点或共有特征。

在环境艺术设计中，应遵循在统一中求变化，在变化中求统一的原则，做到统而丰富、变却不乱。这样，既保持了整体统一性，又有了适度的变化。

如果只有统一而没有变化，就会失去活力，而且统一的美感也不会持久。变化是一种源泉，但要有度，否则就会无主题，造成视觉效果杂乱无章，缺乏和谐与秩序。

环境艺术设计的变化与统一，是环境的活力与有序发展的统一，也是设计美学的规范与要求。例如，内容上的主次，结构的繁简，形体的大小、方圆，色彩的明暗、冷暖、浓淡，技法处理上的强弱等。它们相互关联，彼此相争，形成动静结合，变化统一的美感效果。既然如此，那么在环境艺术设计中，如何处理变化与统一这两者的关系呢?

首先，二者的结合既要有变化，又要有统一，变化不能任意进行变化，变化要注意整体的统一性，否则就会出现环境的凌乱，表达不出设计师所要阐明的核心内容。

其次，二者还要相互结合，让环境具有独特的设计内涵和风格，同时又不破坏环境的统一性，使环境既具有实用性又有美学的欣赏价值。只有这样，才能达到设计师的设计目的。

最后，统一也要更好地与变化相协调。既要统领着环境的主流趋向，又不能忽略环境的细节变化，这样才能体现变化与统一的合理性，环境设计更容易被大众所认可。如果要更好地掌握变化与统一的尺度，我们还需要在环境艺术设计的过程中细心体会，根据不同的环境进行合理的安排。

变化与统一规律广泛应用于环境艺术设计之中。变化与统一的元素有很多，比如，造型的变化与统一、功能的变化与统一、材质的变化与统一、色彩的变化与统一、图案的变化与统一等。总之，在相同元素的条件下，应该注入变化的因子，合理地配置变化与统一的比例关系。比如，对于造型各异的环境，可以加入相同的色彩或材质进行衔接，使变化中融入统一。

环境艺术设计的变化与统一规律不仅仅是从装饰目的出发，有的时候也可基于对环境功能的考虑。但这种情况下的变化与统一，需要打破常规思维定式，进行创造性设计，这样才能使设计作品更具有美学吸引力与现实意义。

变化与统一是环境艺术设计美学中的一对矛盾体，它们处于辩证关系之中：在统一中求变化，在变化中求统一，对立统一、互为依存、缺一不可。换言之，二者既是对立的，又是相辅相成的。在环境艺术设计中，应遵循统一为主、变化为辅的原则，既保持整体形态的统一性，又有适度的变化。否则，过度的统一易显得死板，过度的变化则会显得杂乱花哨。适当变化，而又整体统一的设计才是美的。

二、对比

对比又称对照，它是与平衡、调和、静态相对的某种物像的对照、比较研究。对比运用越强，造成的视觉冲击力就越强。视觉冲击力越强则变化就越丰富，主题变化与多样性越鲜明，同时作品也就越活跃。

对比的表现方式主要有以下七种。

（一）视觉元素大小的对比

设计中，大小的对比主要指点、线、面的构成或处理方式。无论是点、线，还是面、体，当大的元素与小的元素并置时，就会体现出不同的视觉差异与冲击效果；当大与小在“量”上发生强烈变化时，更能突出主体，强调重点，使主次分明、诉求明确。

（二）视觉元素形状的对比

在设计中，构成抽象的线、面、体或空间，常为不同的形状。形状不同，视觉效应也会有差异。因此，在形状中，直线的形、曲线的形等都可相互产生对比关系。近似形与非近似形的对比是不同的：当形状的对比通过非近似形加以比较时，还应该注意变化中求统一的原则，否则会顾此失彼、因小失大。在以直线为主的设计中，常常可以运用一些曲线来突出重点，这样就可以取得活泼愉快的效果。在面、体或空间的处理上，形状差别较大时，对比越强烈，而差别不明显时，就会制造出一种调和效果。

（三）视觉元素方向的对比

方向的对比表现为横与纵、斜与正、高与低、顺向与逆向、分散与集中等方面。其中，既可以表现为规则方向的对比，又可以表现为不规则方向的对比。规则方向的对比给人清新明快的视觉感受，不规则方向的对比则让人感觉到凌乱的非秩序美。因此，每种位置方式与艺术规律都会产生不同的感染力与心理感受。

方向的对比如果运用得恰到好处，则可以收到画龙点睛的效果。如同样的椅子，如果在椅子腿的方向上做点改变，在不影响整体的情况下，可以获得意想不到的效果。

（四）视觉元素虚实的对比

“虚”与“实”是通过调整视觉的模糊与清晰状态或心理与生理方面而产生的感官反应。我们不可将其模糊地理解为“空”与“满”或“无”与“有”。“虚”可以表现为虚的点、线、面或环境的镂空及透明部分，也可以通过色彩、材质或格局等方面的处理手法达到模糊、通透、轻巧的视觉效果。而“实”则恰恰与“虚”相对应，也较易表达。“实”给人带来真实、清晰、厚实、沉重、封闭的视觉感受。设计师运用虚实对比的设计手法，或以虚为主，或以实为主，或虚实相生，可以达到变化丰富、主次分明的艺术效果。

（五）视觉元素色彩的对比

视觉元素间色彩的对比主要为色相、色彩的纯度与明度、色彩的浓淡与冷暖等关系的对比。它既可以表现为同类色彩间的差异对比，也可以表现为不同种类色彩感觉之间的对比。无论是从哪一个角度出发，只要差异拉大或比较明显，就能产生视觉对比效果。色彩的对比优点在于视觉效果清晰明朗，冲击力度较强，受众效应夸张有效。

（六）视觉元素质感的对比

在设计和造物的材质或质感效果表现方面，不同的质感对比、不同的肌理感觉所传达的视觉感受会有明显的差异。质感对比多产生粗犷与细腻、粗糙与光滑、坚实与柔软的外在感受，以及通透、纹理的凹凸感等不同的质感效果。同类或相近材质的运用会有近似的视觉艺术效果，而不同类材质的搭配就会更易形成质感对比。质感对比根据生成要素可分为两种形式：一种是自然质感对比，另一种是仿生质感对比。前者古朴天然、朴实无华；后者则体现了高智能的仿生技术，带来了前卫、时尚的特征。在艺术设计实践中，质感对比主要表现为材料的合理搭配与恰当应用。随着现代科技的发展，各种新材料和新工艺频频问世，给质感对比达到理想效果创造了广阔空间。

（七）视觉元素光影的对比

设计物体或面的起伏变化，以及各种附属件的光影效果，设计物之间会产生微妙的“形”与“影”的对比关系。因为光影效果是很好且有效的设计表达方式，所以设计师应在艺术设计中加以重视，甚至可以单独在光影上做文章。各种环境的凹凸变化、曲直转折会产生很多光影对比效果，使得环境艺术设计丰富生动，给人的视觉带来流动或间歇的感受。

对比与调和在设计实践中是一对矛盾的统一体，二者既相互对立又可以相互转化。运用时，应注意对元素间度与量的掌握，有对比才会使统一中有变化，有调和才能在变化中求得统一。在具体的艺术设计实践中，关键是把握住物像同物像之间微妙的联系和差异程度。物像与物像之间差异越大，对比方式就越强；反之，则对比方式越弱，调和方式就越明显。因此，对比与调和是在同一属性的元素之间研讨其共性与差异，在统一中求变化的有效方式；是在相同的物像中产生不同的个性特征，达到变化与统一的一种手段。

三、对称与均衡

所谓对称，是指轴两侧的形态相同或相似。对称是自然界物体的属性，是保持物体外观量感均衡，达到形式上稳定的一种法则。在自然界中，对称现象随处可见，如人类形体就是左右对称的典型，而植物叶脉、动物身体等也是对称规律的代表。对称形式能产生庄重、严肃、大方、整齐、典雅、安全的效果，能取得较好的视觉平衡，形成一种美的秩序感，符合人们的视觉习惯。

对称既是自然物体的属性，又是传统造型的一种法则。它是人类最早发现并应用的艺术法则。从先人留下的大量建筑作品、雕塑作品、民间工艺品、服饰、炊煮用具、家具、工具、运输与承载用的各种车辆，以及陶瓷等日用品中我们可以看出，先人在造物时有意识或无意识地遵循着对称这一美学法则。

对称的形态多种多样，有左右对称、上下对称、前后对称、点对称、对角对称、中心对称等多种形式。根据视觉元素的总体物态特征，可将对称分为静态对称与动态对称两种形式。其中，左右对称、上下对称、对角对称等均可称为静态对称；而点对称中的球心对称、放射对称、旋转对称等均可称为动态对称。根据设计事物的体量关系，又可将对称分为平面对称和实体对称两种形式。

“均衡”是相对等量或不等量的一种平衡状态，是根据视觉元素形象的大小、轻重、色彩及材质的分布作用于视觉判断的一种平衡。均衡的状态好比秤一样，一端是实物，一端是砝码，砝码虽小却能维持彼此的平衡。自然界中的许多形式是均衡稳定的，如果其违反了均衡法则，就会令人不安，也就不容易产生美感。具体而言，均衡是指形态的一部分与另一部分的实际重量或心理量感，被一个支点支撑时所达到力的对等的一种稳定状态。均衡并不是物理上的平衡，而是视觉上的平衡。均衡的形态设计会让人产生视觉与心理上的完美、宁静、和谐之感。均衡是现代环境艺术设计常用的一种行之有效的表现形式，运用均衡的手法处理造型将会产生丰富、生动、活泼、富于变化的视觉效果。在体量的组合中，为获得均衡感，可在设计时采用上小下大、上虚下实、上精细下粗糙的手法。

一般而言，对称的东西是均衡的，但是有时候却可打破这种观念，用不对称的形式来维系均衡。不对称形式的均衡虽然因其相互之间的制约关系而不像对称形式那样明显、严格，但均衡本身也是一种制约关系。与对称形式的均衡相比较，不对称形式的均衡则显然要轻巧活泼得多。

对称与均衡在环境艺术设计中互为补充，即在整体均衡中可保持局部对称，在整体对称中也可保持局部均衡。因此，对称与均衡是环境艺术设计中应用较多规律之一。

四、节奏与韵律

节奏一词原指音乐中交替出现的有规律的强弱、长短节拍，表示乐音的高下缓急、强弱快慢。

在环境艺术设计中，节奏则主要意味着疏密、刚柔、曲直、虚实、浓淡、大小、冷暖等诸对比关系的配置合拍。具体的节奏形式有重复、渐变和交替等。例如，环境在形状、结构方面表现出的起伏、凹凸、粗细、长短、高低、方圆、肥瘦等方面的有秩序变化；色彩在浓淡、深浅、明暗相间等方面有节奏有规律的设计等。在环境艺术设计中，节奏美不仅体现在形体造型方面，还体现在环境的堆叠存放形式方面。

韵律原指诗歌中的平仄格式和押韵规则。韵律是节奏的变化形式，在环境艺术设计中，虽然不能像音乐那般通过节奏的变化来表现出韵律，但是依据视线的移动，也能产生韵律感。环境艺术设计中的韵律，是指一种周期性的律动，有规律的重复，有组织的变化，它在节奏的基础上赋予情调，使节奏具有强弱、起伏、缓急的情调，从而给人抑扬顿挫的美感及精神上的满足。

节奏与韵律在哲学意义上是密不可分的统一体，是人类生理和心理的需要，是创作与感受的关键，是形式与美感的共同语言。节奏是一种有秩序、有规律的连续变化和运动，它使物体的各部分相互联系起来，而韵律是在节奏的基础上产生的一种富于感情的节奏表现，它是在有条理的连续重复中相互呼应变化的。由此可见，节奏是韵律的条件，韵律是节奏的深化。

五、比例与尺度

任何环境艺术设计都不能回避比例和尺度的问题。比例是指事物整体与局部，以及局部与局部之间的关系，即形态自身各部分间的逻辑关系，是组合要素的重要美学法则之一。造型要素之间只有保持良好的比例关系才能形成美的形态。一切环境艺术都存在比例是否和谐的问题，和谐的比例可以引起人们对美的感受，使总的组合产生理想的艺术表现力。人们在长期的生产实践和生活活动中一直运用着比例关系，并以人体自身的尺度为中心，根据自身活动的方便性与舒适性总结出各种尺度标准，并将它们用于人类衣食住行的各方面。这些全面考虑人体结构尺度、人体生理尺度和人的心理尺度的数据已行之有效地运用到工业设计中，并成为人体工程学的重要内容。

比例，简而言之就是“关系的规律”。凡是处于正常状态的物体，各部分的比例关系都是合乎常规的。比例恰当或合乎一定的比例关系，就是一种具有匀称性的比例。匀称的比例关系，会使物体的形象具有严谨、和谐与舒适的美。中国古代木工祖传的“周三径一，方五斜七”的口诀，就是制作圆形或方形物件的大致比例关系。古代画论中“丈山尺树，寸马分人”之说，人物画中“立七、坐五、盘三半”之说等，这些说法是人们对各种人与自然事物比例关系的和谐美进行理解与概括的结果。

比例作为环境艺术设计美学的一条重要法则，自古以来就受到了人们的重视。公元前 6 世纪的古希腊哲学家毕达哥拉斯就提出“美是由一定数量关系构成的和谐”。比例和分割是直接联系着的，其中比较知名的比例相关学说是古希腊的黄金分割率，其比值为 1 ： 0.618，这种能让人感觉到美的比例经常在各种艺术实践中发挥其作用。

尺度在形态设计中指整体的尺度适当，整体与局部，局部与局部的尺度关系适当。尺度是一种标准，是比例的质的规定，与比例相辅相成。比例的选择和运用取决于形态的尺度和结构等多种要素。它以人的环境为参照物，反映了事物与人或与外部环境的协调关系和设计对人的生理、心理，以及社会适应性的影响。优良的设计同时有着合理的尺度和美的比例，环境形态各部分的尺寸关系应当在一定的尺度范围内来权衡美的比例。

在环境艺术设计中，比例与尺度的关系非常密切，这也是设计师从始至终要考虑的问题。从事任何艺术设计，都要先确定尺度，然后再确定比例关系，而尺度又是人体工程学的重要组成部分。在科技进步与发展的今天，任何环境的比例与尺度都不是一成不变的。随着时代的发展、物质技术材料的改变、人们审美情趣的转移，各类环境都有可能做一些结构比例或尺度的调整。从电脑和移动电话的发展历程可以看出，在外观适时地随着审美与消费的洪流不断调整之时，并不影响比例和尺度给人带来的舒适和美感。由此，我们不难得出，比例与尺度的艺术美学关系是没有尺度则无法判断比例，而尺度容易反映出某种比例关系，这也正好印证了马克思主义基本原理中的反映与被反映关系。

六、过渡与呼应

过渡是通过一定的艺术手段来塑造艺术设计语言的衔接与变化，是以连续渐变的线、面、体来实现形态的转承以产生整体感的一种方式，过渡手法有曲面的渐变、圆弧过渡、斜线的联合过渡等几种。在设计形式的对比变化中，张与弛、急与缓、强与弱、快与慢、松与紧、虚与实、是形式对立的两个极端，但它们又处于相辅相成、互相照应的辩证统一关系中。在这些对立要素中，其对调节对立矛盾关系起承接、铺垫作用，这恰恰是过渡的价值与意义体现。由于表现方法与艺术思维的不同，过渡会呈现出一定形式的渐变美、节奏感与韵律美，从而引起视觉要素的跳跃性变化或视觉要素结构的连续性规律变化。

合理恰当地运用过渡如同开渠引水，能够起到承前启后的作用。它能把不相干或不连贯的图形、文字、色彩、线条、空间、体量、声音或音乐等元素贯穿起来，使设计作品层次清晰、形式严密、结构完整统一。同时，它还能有效避免设计作品出现破碎、松散及头绪不清等弊端，使设计品位与艺术含量得到提升。呼应是指视觉元素在某个方位上形、色、质的相互联系和位置的相互照应，使人在视觉印象上产生相互关联的和谐统一感。呼应主要强调在对比中加强联系和节奏的变化，无论上下，还是左右、前后，视觉元素都要互相关联与照应，而各组成要素之间要通过一定的手法或方式来达到协调与一致，这正是“呼应”的作用体现。

“呼应”使视觉要素达成某种目的的照应与有机联系，从而加强了结构的完整性与思维的互动性。呼应的意义在于防止设计结构出现松散、紊乱与无序的问题，加强结构的整体统一性，表现出事物或作品的结构美与关联效应。这就需要从宏观整体上要求处于前后、左右、上下等不同时空位置的视觉要素体现出相互比照、呼应、照顾的形式规律。在艺术设计中，通常是通过形态、色彩、材质或装饰风格的同一或近似来求得环境间的呼应的。

当代环境艺术设计的潮流是以人为本，从人的审美追求和实际需要出发，以人的心理协调和生理舒适为前提进行设计。好的环境艺术设计应该有自然流畅的衔接过渡，并且各部分之间能够相互衬托呼应，紧密联系成为一个整体。环境形式因素中的过渡与呼应正是其整体与部分相互连通的脉络。这种脉络有时清晰分明，有时若隐若现，但主要体现在线、面、体、色几个方面。棱线或弧线的过渡、弧面的转折、形体的过渡与呼应、色彩的过渡与呼应等都是处理环境艺术美的理想方法。如果过度生硬、简单或者缺少呼应，整体感不强，就会引起人的审美疲劳。

七、条理与秩序

环境艺术设计中的“条理”指将视觉要素通过一定的艺术手段梳理为有序的状态，从而使视觉语言条理清晰与层次结构合理。自然界的物像都是运动和发展着的，而这种运动和发展是在条理中进行的，如植物花卉的枝叶生长，花型生长的结构，飞禽羽毛、鱼类鳞片的生长排列等，呈现出条理规律。

条理的优势在于使环境在形体结构上更直接准确，在视觉传播方面更率性直接，在使用上更简洁轻松。因此，条理的表现是多方面的。聪明的设计师会在形体、色彩、质感等多方面进行统一细致的条理规划，其目的就是使视觉要素在纷乱中求得秩序，在变化中求得条理。

秩序指事物构成要素有规律地排列组合或事物之间有规律地运动与转化，这种有规律的组合会产生一种秩序美和条理美。秩序反映在人们的视觉中，会带来一种井然有序的审美体验。自然界中，事物的构造与运动有规律可循，生物体排列或组合的有序、自然状态是趋近完美的。

环境艺术设计也要遵循秩序与条理的法则，强调秩序条理是追求一种有规律的整体美的表现。在环境形态设计中，采用相似或相同的形态，一致与类似的线形，均衡或对称的组合方式，以及对节奏、韵律、统一、呼应、调和等美学要素的运用，都会给整体形态带来秩序。强调秩序条理，实际上就是追求有规律的整体美。

条理美与秩序美是环境艺术设计美学的重要组成部分，能体现出设计的条理性、有序性与科学性。条理性就是秩序性的一种表现，而秩序性中包含着条理。人类的艺术审美，以及鉴赏活动都离不开条理与秩序，否则将失去标准并无法进行。

八、主从与重点

主从与重点指的是视觉要素中的主要部分和从属部分，这是环境艺术设计中一个不可忽视的原则。主从与重点强调的是事物与事物之间及事物各组成部分之间的主次关系，关键在于主从协调，突出主题。主要视觉要素可能是一个或多个，但是视觉重点只有一个。视觉重点既是设计的核心，又是视觉的焦点。一个和谐的设计必然在形式上表现为主导与从属、整体与局部的关系。主次有序的设计会给人带来明快、清晰的感受。统一协调也就是主与从的融洽，是协调一致的关系。在一个有机统一的整体中，设计应当有主与从的差别，有重点与一般的差别，有核心与外围组织的差别。否则，各要素即使排列得整整齐齐、很有秩序，也难免会流于松散、单调而失去统一性。

在环境艺术设计中，设计师一定要从整体出发，以简练手法使得重点突出。形式要追随功能，造型的重点是环境中的功能部分，不能不分主宾。在保证功能占绝对优势的前提下可以做一些辅助变化，与环境的主导部分形成一定的主从关系，并且形式上要尽可能保持和谐，做到形象鲜明但又有整体特色。为了突出视觉中心的主体部位，可采用形体的对比、色彩的对比、材质的对比、特殊的工艺，以及聚散原理和透视原理使重点突出、主题鲜明。

在环境艺术设计中，设计师一定要把握整体与部分之间的主次关系，做到主从协调、突出主体，加强设计的统一性与完整性。一个和谐统一的艺术设计，必然在形式上表现为主导与从属、整体与局部的关系，各设计元素应当处于有机联系的统一体中，否则容易呈现出杂乱无章的状态。

九、比拟与联想

所谓“比拟”，有比较和模拟之意，是事物意象之间的折射和寄寓，设计师可以利用它们之间的不同特性，使两者融为一体，使之更加生动有趣。比拟作为设计语言的一种手段、方式，有其独特的艺术表现力与表现方式。目的在于引起受众群体产生兴趣从而对作品产生联想。比拟特征在艺术设计中运用得巧妙完美，会对设计、人类，以及社会带来特殊的意义与无尽的益处。

“联想”是思维的延伸，是人们根据事物之间的某种联系而产生的由此及彼的心理思维过程。这个思维过程，可能是由眼前的事物联想到曾经接触的相似、相反或相关的事物或未来事物的发展状态。联想是连接此事物和彼事物的桥梁，它可以使人的思路更开阔、视野更广大，从而引发审美活动。

整体而言，联想主要有以下四种类型：一是接近联想，即把接近的事物联系起来想象；二是类似联想，即把具有类似特征的事物联系起来想象，如见到绿色就联想到草，见到橙色就联想到阳光；三是对比联想，即把具有对立关系的事物联系起来想象，如由黎明联想到黑夜，由冰联想到火；四是因果联想，即把具有因果关系的事物联系起来想象，如由冰联想到冷，由火联想到热。

环境艺术设计离不开联想，因为它是一种观念和心理上的再创造，可以激发设计师的创造性思维。设计师在工业艺术设计中善用比拟与联想，能点燃消费者的想象火花，令环境更生动、更传神，从而给人以美的精神享受。例如，通过仿生或模拟自然形成的形态能使人感到亲切与自然；通过形态、形体、结构、材料、质地等方面构思制作的创意设计能使人产生振奋、运动、优雅、现代、古朴、富贵等联想感受。总之，在环境艺术设计中，联想是思维的拓展和延伸。通过丰富的联想，有利于突破时空的界限，扩大艺术形象的容量。

十、变形与变异

环境艺术设计中的变形，虽没有绘画、雕塑形式那样自由灵活，但是也有其独特的艺术魅力与感染力。它是指设计师在原有设计元素的基础上，根据设计的需要，对环境的外观造型与形体结构进行有目的、合理的变形。它可以运用夸张、放大、缩小、扭曲、挤压、组合等多种变化方式来实现效果。其中，夸张的变形设计有生动活泼、幽默滑稽的视觉效果；扭曲、挤压的变形设计给人带来紧张感。从心理学的角度分析，变形的事物在头脑中存留的时间比正常的事物要长，同时，变形的事物比正常的事物更容易引起人们的注意。

合理巧妙地运用机构变形设计会使艺术设计呈现出智慧与力量，同时也可以推动人类精神文明与商业文明积极地向前发展。

变异是指视觉元素在有秩序的关系里，有意识地违反正常秩序，使个别元素打破规律，出现变化或异常的现象。变异是对规律的挑战，是在规律的基础上使整体与局部相对立，但又使二者不失巧妙地对接与进行内在联系，从而打破单调乏味的局面，给人带来视觉上的刺激感、活泼感与新鲜感，而变异的部分即视觉焦点。

变异的形式有规律的转移和规律的变异两种，设计师可依据视觉元素大小、方向、形状（形体）的不同来构成特异效果。在形状（形体）的变异方面，可使许多重复或近似的视觉元素中出现一小部分变异从而形成差异对比；在大小的变异方面，可使视觉元素在大小上做适中的变异处理，不可使视觉元素太悬殊或太相近；在色彩的变异方面，可使同类色彩构成中出现某些打破局面的对比成分；在方向的变异方面，可使少数视觉元素在方向上突然变化，打破有秩序的排列效果；在肌理的变异方面，可在相同的肌理质感中表现出不同的肌理变化效果。

变化与变异造型手段适宜营造潮流、前卫的主题。巧妙的变化会烘托环境整体美，变异的形态更会产生神奇的效果。环境艺术能够表现出空间情态，如体量的变化、材质的变化、色彩的变化、形态的夸张等，能够引起人们的注意。通过全面借助外部形态特征，环境才能更好地发挥其自身的功能。

在日常生活中，多数人会有这样或类似的体验，如冲咖啡或牛奶的时候，搅拌后的勺子没有合适的地方放置。如果在勺子的柄部做下变形，勺子就会卡在杯子沿上，便于收纳。这种变形设计不仅增加了勺子本身的形式美，还会使勺子上的液体全部滴入杯中，这既便于清洗，又防止了浪费。

虽然变形与变异都是设计的需要，但那种目的模糊、艺术感染力不强的设计作品意义似乎不大。因此，在应用变形与变异时，应考虑到使用的环境、使用性质、使用目的，以及使用效果等多方面内容。“变”不一定就是设计，合理的、具有创意的“变”才是设计的价值与意义所在。

十一、幽默与情趣

环境艺术设计在满足人们基本功能需求时，还体现了人们求新、求奇和求趣的视觉审美与心理审美的需求。究其原因，随着人们生活水平的不断提高、物质生活的逐渐丰裕，人们把注意力开始投向了精神生活层面。在对物质环境进行选择时，人们更希望获得来自生活方面的人性关怀，得到一种精神上的享受。在当今机械化的工作节奏和冗余的信息空间中，现代环境艺术设计已不再是为了满足人们的生活需求而产生的一种物质存在，而是变为一种为了取悦使用者，使其达到情感满足的传播媒介。充满情趣与幽默的艺术设计往往能调节枯燥的生活与工作的压力，缓解高新技术环境带给人们的冷漠感与紧张感。因此，设计师在做设计时，应当调整设计思路，用幽默与趣味的艺术语言赋予环境生命情感，增强环境与人之间的亲和感，在给消费者带来惊讶与快乐的同时，也满足其内心的渴望。

幽默与趣味具有较大的相似性，生活需要趣味同样也需要幽默。幽默是一种修养、一种文化、一种艺术、一种独特的审美情趣。在艺术设计中，幽默简言之是指运用滑稽、意味深长的设计元素，活泼、生动的设计手法来表现设计意图。在环境艺术中运用幽默手法可以使环境焕发出特殊的表现力，同时也更为人性化、更具有亲和力，让人发自内心地喜欢该环境。这种手法便于人们接受和理解，因而能起到事半功倍的效果。

在艺术设计中，为了迎合特殊受众群体的需求，利用幽默诙谐的设计形式可赋予环境更多的新意，进而活跃环境市场。例如，现代年轻人使用的移动电话的配饰，较多地使用了幽默的设计形式，使小环境既简洁明快又颇有情趣。由此可见，幽默的设计形式在表达小环境上有着独特的优势。

情趣是指消费者在使用环境时所感受到的乐趣。情趣化环境一般运用趣味化手法来表述设计理念与创作意图。环境形态风趣，形式诙谐，具有强烈的吸引力，容易激起消费者强烈的思想情感与审美体验。能否能合理运用情趣手法展现了设计师艺术的品位高低，同时也是一种格调的表现。情趣生动、形式幽默使环境形态鲜明、个性张扬，并富有强烈的韵律感和生命力，容易激起审美主体强烈的审美情感与兴趣，使冷漠的环境增添更多活力与张力。

幽默与情趣美学规律以独特的视角与别具一格的思维方式充分发挥了艺术的情感效应，既增强了环境的视觉印象，又提高了环境的趣味性与游戏性。幽默的设计可以让使用者在环境中得到快乐，被设计的形式所感染。而情趣的设计，由于添加了更多的情感，会让人们在观看环境时，领悟到某种情感，同时也会使环境更具情感化。具有趣味、幽默风格的环境往往是通过拟人、夸张、排列组合等手法将一些自然形态进行再现，从而给人以全新的感受。

除了形体与质感对营造环境幽默与情趣的氛围有着重要作用，色彩对其产生的影响也不容小视。色彩具有先声夺人的艺术效果，因此，色彩更容易吸引人们的眼球，激活人们的情感。在系列艺术设计中，色彩的设计需依附于整体造型，然后根据个体特点予以搭配，以增强环境的趣味性。

充满情趣与幽默的环境，在使用功能不受阻碍时，会极大地提升环境的附加价值，令本无生命的环境有了跳跃的灵魂，从而带给消费者无限的惊喜与欢乐。当幽默与情趣同环境的功能完全契合时，可以说，这个设计就真正地践行了以人为本的设计法则。趣味与幽默恰似一对孪生兄弟，两者存在着共性与个性。趣味中散发着幽默的味道，而幽默中又包含着动人的趣味。但二者绝非等同，有趣味的设计不一定总是幽默的，同样，并非所有包含幽默元素的设计都是富有趣味的。

十二、古韵与时尚

古韵指古朴韵味之美，即使用古代流传下来的文化元素来表现设计意图。古韵既是一种文化特征也是一种文化传载。无古何以论今。没有古韵，我们的文化将黯然失色，现代的设计也将会变得僵硬而苍白。因此，古韵设计也是一种文化的继承与表现形式。借古可以鉴今，古韵在为设计带来灵感的同时，也为设计带来了更多的思考。设计不是简单的古韵继承或移花接木的行为，而是要充分研究与分析“古韵”的时代内涵与文化特征，使之“古为今用”。古韵体现的是古朴的韵味美，强调的是文化差异性。古韵之所以如陈年佳酿、越久越香，就是因为它的源远流长、深入人心。

时尚为流行与潮流的代名词，指当代流行的风尚，体现的是潮流之美与前卫之美。时尚设计具有前瞻性、预见性等特征。如今，时尚已成为一种文化行为与文化特征。时尚给人们带来了愉悦的心情及优雅、纯粹与不凡的感受，赋予了人们不同的气质和神韵，人类对时尚的追求促进了人类生活的美好。

古韵与时尚是对立统一的关系。两者有着独自的个性，同时又存在着广泛的共性。从某种意义上来说，时尚经过时间的酝酿有可能成为经典。古韵指导时尚，时尚借鉴古韵。时尚设计在张扬个性，展现自我的同时，兼顾着古韵情节，传统与现代结合，古韵与时尚并置。古韵与时尚结合的风尚日趋流行，在不忘经典的同时，兼顾了时尚。

在现代环境艺术设计中，传统文化的融入十分必要。环境如果没有厚重的文化沉淀基础，设计样式再花哨也只是美丽的外壳，缺少文化底蕴。因此，艺术设计既要带有古朴的文化韵味又要具备现代的艺术气息。

古韵曾经是时代的时尚，而时尚经时代的变迁将会成为古韵。古韵与时尚这两个跨越时空、跨越历史的艺术表现形式，很难找到一个合理有效的结合点，设计不仅要面对形式与审美的表象问题，它还涉及人文、历史、观念与习俗等多方面的问题。因此，设计师担当着平衡古韵与时尚问题的责任。

十三、分割与组合

分割与组合是环境艺术设计形式美的法则之一。分割指把整体或者有联系的东西分开，或把一个整体分成多个组合部分，根据需要发挥其各自不同的功能与作用。艺术设计中的分割，是为更好的组合作铺垫的，分割开来的个体虽是独立的，但不失其完整性。组合是指把若干个相同或不同的元素组织为整体，形成新的外观形象，发挥其新的组织功能，使其更加美观、实用，更具亲和力。

在环境艺术设计活动中，设计师经常运用这一法则，依据使用功能、使用要素等对在大自然中提取的形态要素进行不同的改变，以满足使用者的多种需要。构成艺术是分割与组合的基础，它体现出一种动态的造型方式，随意组和，千变万化，大大丰富了人们的立体空间想象能力。分割与组合包括以下三种类型。

（一）实用性分割与组合

实用性分割与组合，指根据环境的使用目的最大限度地发挥环境使用功能的分割与组合设计。空间关系是这种方式的主导因素。使用者往往依据居室的大小和环境的尺度及个人的兴趣对环境的大小、方向、色彩、质感等进行合理搭配，以达到节省空间、实用美观的目的。

实用性分割与组合注重的不是环境个体元素的发挥，而是环境诸元素之间的配合，既要有道理又要适宜，不能因为某个细节而刻意破坏一个整体的功能。如果想恰到好处地运用实用性分割与组合，就应该把环境的部件放在整个环境的组织构成中去思考，把握艺术设计的共性与个性。此外，应更多地讲究形式美法则，不能仅停留在功能要求的束缚中，力求功能美与形式美的统一。这种分割与组合建立了一种理性的、知性的、富于秩序和条理的设计风格，并将构成艺术的精髓完全融入了环境艺术设计领域之中。

（二）趣味性分割与组合

随着社会的飞速发展，人们生活节奏也在逐渐加快。在这种情况下，人们渴望获得心灵的解压，向往回归休闲，在潜意识里渴望与环境发生对话，产生共鸣。因此，环境艺术设计在保证物质功能的同时逐渐肩负起精神享受的重任，充满情趣的环境艺术设计能缓解高新技术环境带给人们的冷漠感与紧张感，让人们体会到环境变化的乐趣。

趣味性分割与组合就是在满足环境实用功能的基础上，将趣味化元素引入艺术设计领域，使其设计理念颇具趣味性与幽默感。这种分割与组合能开发人们设计组合的能力，在锻炼思维的同时又娱乐自我。比如，兼顾了这两种功能的积木就是儿童最喜欢的玩具之一。

（三）功能性分割与组合

功能性分割与组合强调的是环境的多功能性。我们知道，每个环境组件都有各自的性能与用途，如果将其组合起来则可附加环境的使用功能。因此，分割状态下与组合状态下的环境使用方式是不同的，这最直观的表现就是一物多用，此类表现具有很强的时代性。分割与组合常见于家具设计之中，这种分割与组合设计着眼于艺术设计本身的整合性，强调环境结构的灵巧与活泛，注重块面的分割与形体的穿插，将设计对象的立面、色彩、体块等理性因素揉进立体空间的设计中去，最大限度地突破常态，创造可能的新形式，令使用者得到由形式、色彩与空间所带来的精神愉悦，并获得在艺术设计实践中的创造性功能。

分割与组合是一种有目的的美学规律研究形式。在艺术分割与再现组合中实用因素与审美要素达到统一与和谐。分割与组合是塑造环境形态的重要手段，设计师能够正确地分析其不同类型的设计定位与文化内涵，做到针对不同的环境采用相应的方式，有针对、有目的地打造环境的外观形态，会对艺术设计起到一定的帮助作用。

第二节　环境艺术设计中的生态美学

一、生态美学释义

（一）生态与生态文明的概念与发展

1. 生态与生态文明概念的提出

要了解生态美学，我们就应该先对生态的相关概念有所了解。其中，“生态学”一词，最早是由 19 世纪德国著名博物学家海克尔（Haeckel）提出的。在此之后，丹麦植物学家瓦尔明（Warming）于 1895 年出版了《以植物生态地理学为基础的植物分布学》一书，该书先以德文出版，后来在 1909 年被译成英文，经过英译后，其书名也被改为《植物生态学》①。瓦尔明的这部著作在出版之后，在世界范围内得到了广泛传播，其影响一直持续至今。在瓦尔明理论的影响下，英国生态学家坦斯利（Tansley）于 1935 年首次提出了生态系统的概念。可以说，这一概念的提出，更新了人们对于生存和所依赖的自然生态的认识，使人们的认识更加深入、科学和全面。

从地球自然生态的角度来说，根据相关考证，在距今 1 万年前，地球最近的一次冰期——第四纪冰期结束。此后，地球的陆地、海洋、降水、气温、动植物物种等都没有发生过质的变化，可以说，地球的自然生态系统长时间保持着稳定。因此，设计师可以将 1 万年前地球的自然生态认为是“原生态”。

目前，人类的人口数量已经达到 80 亿，在庞大的人口数量下，人类活动对自然生态系统带来了巨大的影响和改变，并且要想将自然生态系统恢复到“原生态”几乎是不可能的。但是，地球自然生态环境的“原生态”，可以作为人类保护和修复自然生态的重要参照标准。

对于文明这一概念，世界各国有着不同的表达和解释。例如，在中文中，“文明”一词，其含义主要指文化。进一步来说，文化又包括文学、艺术、科学、教育等。针对人来说，我们可以将其理解为人对语言和知识的运用能力。

在英文中，文明用“Civilization”一词表示。其中，词根“Civi”的含义为“公民”。因此，“Civilization”一词的含义可以理解为人经过教育后由蒙昧转为开化，成为“文雅”“礼貌”的人。

---

① 瓦尔明．植物生态学 [M]. 陈庆成，陈泽霖，译．北京：科学出版社，1965.

通过对不同语言下关于“文明”一词的含义和分析可以发现，文明主要指公民掌握一定的文化知识，明白一定的道理，能够在行为上遵守社会规范。生态环境是全世界所共同关注的，尤其是随着生产力发展、人口增长等带来的对自然资源的大量消耗和对生态环境的严重破坏，这使人们的生存环境也遭到了巨大的威胁，生态环境已成为引发世界危机的重要根源之一。因此，自 20 世纪 50 年代以来，人们开始反思与自然的关系，开始重视对自然资源和生态环境的保护，并为此做出了一系列实践。

2．人类文明的发展历程

（1）农业文明阶段

在人类几千年的历史中，虽然科学技术一直都在发展，生产工具也在不断得到改进。但是，人类科学技术发展和生产力大幅提高，还是从工业革命开始的。在工业革命之前，世界上大多数地区在生产上依然使用着几千年前就已经使用的工具，如农业生产依然使用犁、锄；手工业生产依然使用刀、斧；交通运输依然使用马车、木船。这些工具的机械化程度极低，生产力主要取决于劳动者的体力，人类的智力对于生产力来说作用较小。

由于生产力主要依靠体力劳动，机械化水平不高。因此，在农业文明阶段，人们的生活也是较为困难的，一旦遭遇自然灾害或者出现经济危机，人们连生活的基本条件都难以保证。并且，在农业文明阶段，教育的发展也较为缓慢，教育的普及程度不高，大量的劳动者掌握的文化知识程度很低，文化只在少数人中间流动。

（2）工业文明阶段

到了 18 世纪后，伴随着工业革命，人类社会进入了工业文明时代。在科学技术的推动下，人们的生产实现了向“工厂”的转变。对于工厂的创办、生产与经营来说，经营者需要掌握一定的科学知识，如力学、电学等。工业文明下的工厂主要具有以下几个特点：

①土地需满足工场生产所需的基本条件。

②集中了大量的资金与劳动力，从事专门性的生产工作。

③以机器代替人力。

④使用以煤为主的新能源，使用以钢为主的新材料。

⑤在运输上开始使用机动车、汽船等新型运输方式。

⑥资本对生产的影响和作用越来越大。

⑦大量农民成为工厂的雇佣工，开始进入工厂工作。

资金、人力、设备等的集中，还有大量农民涌入工厂，带来了城市的形成与扩张，即工业化和城市化，发展出了新的工业文明。

然而在工业文明阶段，工业的不断发展也带来了一些消极影响。

①工厂虽然使劳动效率得到了提高，但是由于工厂组织形式的限制及资本在生产中的巨大作用，人在生产中的创造性遭到限制。因此，从本质上来说，工厂是以利润为本而不是以人为本的。

②机械化的生产模式与严格、细致的分工，导致了科学研究与经济生产之间的分离，这也导致了由科学创新到技术创新和产业创新周期的延长。

③工厂的生产需要从自然界获取大量的原料，由于工业文明处于初期阶段，工厂的生产较为粗放，再加上工厂对生产废物随意排放，对自然环境造成了破坏，对生态环境造成了一定的负面影响。

④工厂在对自然环境造成破坏的同时，工人所处的劳动环境也较为恶劣，对工人的身体健康也造成了一定的影响。

⑤工厂吸引了大量的农民进入工厂工作，这也带来了一定的城市问题。

⑥工厂生产在收入的分配上存在着一定的不公平，这也造成了较为悬殊的贫富差距，从而形成了不同的阶层。

随着工业文明的不断发展，这些问题所带来的弊端也日益凸显，尤其是在第二次世界大战后，西方各发达国家开始通过建设各种形式的“园区”来应对工厂存在的一系列问题，希望实现从工业文明向生态文明的过渡。

（3）生态文明

工业生产对资源的大量消耗和对生态环境的严重破坏，已经使人类的生存与发展受到了严重威胁，人类逐渐意识到生态环境的重要性。

具体来说，人们所追求的生态文明就是对工业文明的反思与超越，不是单纯的经济发展而是包括生态环境的绿色发展。

同样都是以科学技术为重要的生产力，与工业文明的生产相比，以智力资源为主的生态文明知识经济在以下几点上表现出了本质性不同。

①从生产力来说，工业文明中的劳动力与劳动工具等要素主要地位在生态文明阶段已经被科学技术所取代。

②从技术结构来说，工业文明时代下科学与技术是分离的，这也是工业文明的其中一个弊端所在。而在生态文明阶段，科学与技术的联系日益紧密，高新技术产业也成了现代社会经济发展的重要推动力。

③从分配来说，工业文明中按照掌握的生产资料与自然资源进行分配的方式已经发生了改变。生态文明阶段的分配主要依据的是人们所创造的价值的大小，

这一点在高新技术产业中尤为明显。

④从市场来说，进入生态文明阶段，传统的市场观念也发生了新的变化。随着科学技术成为促进经济发展的主要因素，生态文明阶段就更加强调宏观导向作用。如果宏观导向出现问题，不仅会对知识经济发展造成阻碍，甚至还会引发更多的问题。此外，科学技术的快速发展也使市场环境变化越来越快，传统的静态市场观念也必须朝着动态观念转变。

综合来说，人类经济发展，其原因归根到底还是人类文明的发展。在人类文明的发展下，教育的普及程度逐渐提高，人们所掌握的知识水平也越来越高，人类社会不断涌现出各类人才。随着科学不断发展，现代人才越来越朝着复合化方向发展，这也为人类与自然的和谐发展带来了积极影响。一方面，人们对于人与自然关系的认识越来越科学；另一方面，复合型人才的不断增加，也能够通过各学科结合，为人类与自然的和谐相处提供可行的建议与策略。

（二）生态美学的概念

1. 生态美学的产生背景

自工业革命以来，科学技术的快速发展使人类社会的生产力有了极大提高，工业发展极大地推动了人类社会的现代化进程，人们的物质资料越来越丰富，生产生活方式发生了极大改变，生活水平也日益提高，人类的工业文明得到了极大发展。虽然工业文明给人类社会的发展带来了不少的积极影响，但是其本身也存在着一定缺陷，这些固有缺陷的存在导致工业文明存在盲目追求经济效益等问题，这些问题则带来了贫富差距及人与自然间的矛盾。工业生产不断发展，使资本主义发展到了帝国主义，并由于各国间的利益争夺，导致了两次世界大战，给人类社会带来了巨大的灾难。此外，除了工业生产，为了促进农业生产的发展，人们还发明了农药、化肥等，而农药与化肥的滥用也对生态环境造成了一定的污染。

自然环境的污染问题，在 20 世纪 70 年代得到了集中的体现：绿色植被锐减，生物物种加速灭绝，生态平衡亮起红灯；大气污染、水污染、噪声污染等环境污染加重；淡水资源短缺、能源危机、耕地衰竭、可用土壤严重匮乏等；臭氧层被破坏，沙尘暴袭击心血管疾病、精神性疾病等现代病的滋生与蔓延。这些问题的存在都是对人类生存的威胁，这就要求人们必须对科学技术、现代化及人与自然的关系进行深入思考，尤其是要认识到现代化过程中造成的问题与存在的弊端，意识到这些问题对人类生存与发展的严重威胁，从而采取针对性的措施应对这些问题。生态美学正是在人类应对生态与生存发展问题的需求下，为应对这一问题而发展出的一种新的观念与哲学。

人类在反思现代化的过程中，产生了后现代主义思潮。所谓的后现代主义思潮分为以下两种：一种是对人类现代性进行批判、否定和结构的后现代主义，另一种是对现代性进行修正和超越的建构性后现代主义。后一种后现代主义是前一种后现代主义的发展，它既继承了前一种后现代主义的优点，又克服了其缺点，提倡建立一种新的经济与文化形态。后现代主义是从对人类现代性的批判发展而来的，它所追求的新的经济与文化形态在经济上是要实现知识与科技对经济发展的主导，在文化上是要求以科技理性为指导，追求平衡协调的生态精神。因此，后现代主义思潮与生态美学存在着不少共通之处，对生态美学的产生与发展起到了一定的推动作用。

2．生态美学的内涵

生态美学即生态学与美学的结合，其以人与自然之间的审美关系为研究对象，也就是从生态的角度研究美学问题，并将生态学中的理论与观点借鉴和应用到美学研究中。生态学与美学的结合使美学的理论形态得到了创新，形成了一门新的学科，这也是美学中的一个重要分支。

结合我国学术界对于生态美学的理解，我们可以将生态美学的内涵理解为以生态哲学为视野，以生态科学为原理，以生态伦理学为指导，以自然美学为研究方法对人与自然、社会等其他关系的审美研究。生态美学所追求的美是一种协调、平衡、和谐的整体美。

（三）生态美学与现代社会的可持续发展

1．现代社会可持续发展观念引入

人类对世界的认识主要是通过各种知识实现的，而人类的知识水平，也影响着人类经济与社会的发展。在农业文明时代，人类所获取和掌握的自然知识相当有限，因此对于自然的认识与理解也是神秘化的。人类的农业生产、收成等在人类的劳动基础之上，但更取决于自然条件，如土地的肥沃程度、灌溉条件、是否有自然灾害等。

在农业文明阶段，人们为了进行耕种等农业活动，需要对植被进行一定破坏，但是其在比例上来说是极小的。同时，由于科学技术限制，在农业文明阶段，人们还没有发明农药、化肥等，对作物施用的主要是有机肥，基本没有生物链造成破坏。在农业文明时代，虽然从整体上来说人类对自然环境也有所破坏，但是其程度较低，远未达到引发国际性环境问题的程度，所以人类与自然环境基本维持着和谐共处的关系。

自工业革命之后，随着科学技术发展及生产力提高，人类在与自然的关系上也发生了变化。自然科学的不断发展，提高了人们对自然的认知，使人们改变了过去对自然的神秘化认识，生产力提高使人们对自然的改造能力增强，人类对自然进行不合理的开发，使自然环境和生态平衡遭到了严重破坏。直到环境问题严重到威胁人类的生存与发展时，人们才开始重视保护生态环境，并开始重新探讨人类发展的方向。

在20世纪末期，人们对人类的发展问题展开了进一步的研究，如罗马俱乐部对人类增长极限问题的研究、世界环境与发展委员会对未来可持续发展的设想等。同时，随着人类对于环境关系的重新认识，人们开始寻求新的经济形式，知识经济的产生与发展，为人类可持续发展提供了一条可行的途径。

对于人类社会的发展来说，经济是重要的基础。因此，可持续发展这一概念从产生之初就不仅仅是一个经济发展概念，随着这一概念被越来越多的人所接受并奉为行为准则，它也开始与科学、文化等领域进行交流，逐渐发展为一个全方位的生态文明概念。

2. 我国现代社会的生态文明建设

我国现代社会的建设与发展也十分重视生态文明问题，并且针对生态文明的建设提出了以下五点原则。

（1）创新

生态文明建设就是对18世纪以来延续至今的传统工业经济的创新，以生态科学为指导重新认识人与自然的关系。生态危机是人类社会发展面临的几大危机之一，人们应认识、重视并力求改变资源短缺、环境污染和生态退化的现状。生态文明是一大理论创新。生态概念早已有之，文明概念古已有之，但生态与文明相结合产生的“生态文明”理念实现了真正的理论创新。我国提出的生态文明理论把人类的文明、经济和生态三大理念联系起来，融合构成系统应用于发展，是对可持续发展理念的大提升。“可持续发展”是个很好的目标，但如何实现呢？只有“文明发展”是不够的，只有“经济发展”也是不够的，只有“生态保护与发展”还是不够的，必须使三者构成一个有机结合的系统，这就是“生态文明建设”。

（2）协调

“生态文明建设”不仅是我国的发展战略，也是世界发展的必由之路，我们要从国际化的视角来看问题。生态文明建设包含有文明、经济和生态三大要素，分别构成了三大子系统，按系统论的观点，这三个子系统内部都存在不断需要协调的问题：

①文明子系统的协调。

人类历史形成了不同文明，主要可以归纳为东西方两大文明。生态文明建设不是要比较这两大文明的优劣，而是要使这两大文明求同存异、交融、互利，最终达到协调。

西方文明包括日耳曼文明、拉丁文明和斯拉夫等文明，在西方文明中，也同样存在求同存异、交融、互利最终达到协调的问题，而不是以冲突和战争解决分歧与矛盾。经过千年历史，屡经战乱的欧洲建立了欧洲联盟，就说明了协调的可能性与现实性。

东方文明包括儒学文明、佛教文明、伊斯兰文明和印度教文明等，也同样存在上述问题，也完全具备通过协调来解决问题的条件。

②生态系统的协调。

生态系统同样存在通过调节和再组织来实现协调的基础，中国自古就有“风调雨顺”“草肥水美”的认识，说的就是协调。自然界为生态系统提供了水、空气和阳光三大要素。水不能太多，多了就是洪灾；也不能太少，少了就是旱灾。这些天灾都存在于地球上，但都只是肆虐一时，最终都能达到协调平衡，使生命和人类可以持续存在。

自然又分为陆地和海洋两大系统，其中陆地又分为淡水、森林、草原、荒漠、沙漠和冻土等各大系统。由于降水和气温的变化，这些系统也会发生矛盾而且互相转化，而它们最终也会达到协调。森林不可能无限发展，沙漠也不可能无穷扩张。

③经济发展的协调。

投资、消费和出口之间要达成和谐的比例，哪个要素过高都是不协调。例如，第一、第二、第三产业之间的协调，在大力发展服务业的同时，也不能削弱农业，同时要保持第二产业的一定比例。

（3）绿色

“青山绿水”是我国自古以来的追求。在农业经济时代，河湖附近的植被很好，落叶使水变成浅绿色。由于水土保持好，土壤也吸融落叶，使之不会过多而使水过绿。由于河水流量很大，自净能力很强，因此，那时的水不容易富营养化，今天富营养化的、过绿的水并不是好水。

“绿”并不是生态系统好的唯一标志，自然生态系统是一个生命共同体，它还包括昆虫、鱼类、走兽和鸟类等其他动物，而且也要考虑水资源的支撑能力，不是越绿越好。同时，如果只是单一树种的人工密植造林，没有乔灌草的森林系统，没有林中动物，绿是暂时绿了，但不是好的生态系统，而且难以持续。

地球就是一个多样的生态系统，包括草原、荒漠、沙漠、冻土、冰川和冰原，如果盲目要地球都变绿，既不必要，也不可能。

（4）开放

地球在宇宙中是个相对孤立、封闭的系统。但地球也从太阳获得生命存在所必要的能量，不是绝对封闭的。

地球中的各自然子系统之间，更是相互开放的系统。土壤、森林、草原、河湖、湿地、荒漠、沙漠、冻土、冰川和冰原等各系统之间都相互开放的，它们之间会进行信息、能量和水量的交换，还有范围转化，使这些系统可以自我调节，达到自身的平衡，从而实现可持续发展。

例如，当降雨过多，水就渗入地下水层，在旱年供植物吸收和人类抽取，构成了土壤、森林、河湖、湿地和人类社会系统等各开放系统之间的水交换，从而达到了各系统之间的水平衡，或者叫“水协调”。

（5）共享

生态系统的基本原理是食物链，所谓食物链就是在链上的生物以不同的方式共享生态。

从生态文明建设来看，共享至少有以下三个含义。

①文明共享。在一个子系统内，自然生态和商品财富都应该共享，即某个人不能占有过多的资源，也不应拥有过多的商品财富。例如，在法国，原则上规定不管在公务系列还是私营企业，最高薪的实际收入一般不能超过最低薪实际收入的 6 倍，靠纳税来调节，这才有望实现文明共享。

②地域共享。如应尽量缩小国与国之间的贫富差距。在地球这个大系统中人类应该共享文明果实，高收入国家有义务帮助低收入国家；各国应对温室效应，应该遵循“共同而有差别的责任”原则。同时，节能减排的生态维系成果又是世界各国不论高低收入平等共享的。

③代际共享。生态文明的根本目的是实现可持续发展，而可持续发展的基本概念就是“当代人要给后代留下不少于自己的可利用资源”，即代际共享原则，这也是生态文明的原则。

二、生态美学在环境艺术设计中的应用

（一）生态美学在我国新农村生态社区规划中的实践

1. 村庄的发展与总体规划布局

对于我国新农村建设规划来说，在明确规划期的布局的同时，还应该考虑村庄未来的发展问题，如未来发展的方向、方式等。具体来说，规划的主要内容包括生产区域、居住区域、公共区域、交通运输系统等。对于某些村庄来说，它们在资源或交通等方面具有一定优势，经济发展较快，在规划期内即达到了规划规模，因此就需要对其村庄建设进行重新布局和规划。此外，还有些村庄在规划时，对自身的发展考虑不足，就会使村庄的规划在发展实际中遭遇很多问题，即便规划方案编写较为合理，然而在实践过程中还是容易出现混乱的问题，导致了规划方案的合理性逐渐丧失。具体来说，村庄在发展过程中所遇到的问题主要有以下几种。

第一，用地规划不平衡，尤其是在生产用地与居住用地平衡上。例如，当偏重生产用地时，就会导致居住区条件恶化。

第二，用地功能含糊，甚至存在相互交叉情况，导致用地既不适用于生产也不适用于生活。

第三，在用地上对未来的发展预留不足或控制不力，从而影响了村庄未来发展。

第四，对于村庄的公共区域建设、绿化等问题关注不足，导致相关用地规划不成系统，既浪费了资金，又影响了村庄正常建设。

综合分析这些问题我们可以发现，其主要的根源还在于设计规划者对村庄发展的客观情况分析不足，对村庄长远规划的重视与预测不足，导致了在村庄总体规划上的决策失误。

为了避免上述问题的出现，我们就必须准确把握住村庄发展的方向与趋势，进行科学规划。一方面，要做到科学规划，设计师就必须对村庄当前发展的相关数据进行收集，并进行科学分析；另一方面，村庄在发展过程中不可避免地会遇到一些难以预测的变化，因此在规划上就需要针对可能出现的变化预留相应的方案。

2. 村庄的用地布局形态

村庄的形成与发展，受到政治、经济、社会、文化、自然等各方面因素的影响，其发展有着内在的客观规律。村庄发展在外部形态上的差异，其根本在于内部结构的发展变化。由此可知，村庄发展的外在形态与内在结构之间也存在着密切的

联系，二者相互影响，是不可分割的统一体。对村庄发展的布局也要包含对结构与形态的布局。因此，要使村庄的用地布局形态合理，设计师就必须深入研究和分析村庄发展的内在规律，找出其内部各组成部分之间的关系及内外之间的关系，只有这样才能够保证农村用地协调，使村庄真正实现合理发展。

具体来说，村庄的形态要素主要由公共中心系统、交通系统和其他功能系统组成。在这些要素中，公共中心系统处于主导地位。对于交通系统的规划与建设来说，公共中心系统是其建设的目标和枢纽；对于其他功能系统来说，公共中心系统决定着其建设布局和功能发挥，各项活动的开展也能够为公共中心系统提供信息反馈。同时，交通系统也是连接公共中心系统与其他功能系统的桥梁，使各系统之间构成一个有机整体。因此，从关系来说，这三个要素是相互制约、相互促进、相互协调的，这三个要素共同决定着村庄平面几何形态的基本特征。

从村庄的布局形态来说，则可以将其分为以下三个圈层，即商业圈、生活圈和生产圈。其中，商业圈在开展商业活动的同时，还兼有部分文化娱乐与行政功能；生活圈即村民生活居住的主要区域，有时还伴有一定的生产活动；生产圈即村庄开展生产活动的中心，与生活圈一样伴随有一定的居住活动。从形态来说，村庄布局主要有以下三种基本形态。

①圆块状布局形态。

圆块状的布局形态下生产用地与生活用地之间的关系较为协调，商业区的位置也相对适中。

②弧条状布局形态。

采用弧条状的布局主要是出于以下两个原因：一是受到自然条件限制，二是由于交通条件吸引。针对交通来说，采用弧条状的布局会造成用地及交通组织在纵向上的矛盾。因此，在这种形态下，规划时就需要加强对道路在纵向上的布局，设置两条及以上的纵向干道，并将过境通道引向外围。

同时，在用地发展上，弧条状布局的村庄也应控制用地的纵向延伸，尽量选择一些坡地对其进行横向发展利用。在用地的组织上，还应充分结合生产与生活需要，将纵向的狭长用地划分为若干段，建立起相应的村庄公共中心。

③星指状布局形态。

星指状布局下的村庄，其发展是由内向外的。村庄用地在发展的过程中会根据用地的性质、功能等向不同的方向延伸，这就构成了村庄的星指状布局。因此，针对星指状布局特点，设计师需要根据用地功能进行合理的分区，从而避免随着乡村发展导致各功能用地相互包围的问题。形成星指状布局的村庄，其发展通常具有较强弹性，村庄内部结构与外部形态之间的关系通常也较为合理。

3. 村庄的发展方式

对于村庄来说，其通常采用以下两种发展方式，一种是集中式的，另一种是分散式的。

（1）集中式的发展方式

该发展方式是村庄出于资源、生产等方面的原因，对村庄的各类用地进行集中连片布置。此外，在相邻的居民点中，也会出于劳动生产间的联系而建立联合，这也是集中式发展的一种表现。

（2）分散式的发展方式

该发展方式是村庄对用地进行分散的布局规划的一种发展方式，采用分散式布局主要是出于以下两个原因：

①保证生产、生活等各种类型用地的协调发展。

②保证各类型用地的相对独立。

但是，分散的布局也会给村庄各部分间的交通及村庄的统一性等方面带来一定问题，要解决这些问题，就需要我们从以下两点入手。

①在规划上加强对统一性问题的重视。

②加强村庄交通建设，使分散的各部分能够实现有效联系。

4. 综合式发展

对于现代的农村发展来说，单一采用集中式或分散式的发展都会造成一定问题。因此，人们更需要将这两种发展方式有机结合起来，形成综合式发展。提倡综合式的发展，主要是因为在乡村发展初期，为了实现乡村发展，设计师需要对现有资源进行充分利用，以便乡村发展尽快成型，因此在这一发展阶段，采取集中式发展是适宜的。然而，当村庄发展到一定的阶段后，一些工业生产用地已经不适合布局在原有的区域了，再加上发展备用地的消耗，就需要开拓新的区域，建设新区。这时就需要采用分散式的发展方式了，该方式以村庄旧区为中心，在周围分散建设新的村庄群。此外，当村庄在发展方向上变化较大时，也需要设计师对村庄进行分散式布局规划。

（二）生态美学在我国新农村公共服务设施设计实践

1. 村庄道路规划

（1）村庄道路的类型

根据村庄道路的功能与特点，可以将其分为村庄内道路和农田道路两种类型：

①村庄内道路。

村庄内道路即连接到村庄中心的道路，同时村庄中各组成部分之间的交通也都在村庄内道路的体系上，可以说村庄内道路是整个村庄交通的主动脉。村庄内道路的规划与建设，需要按照国家相关标准，并结合道路的任务、性质、交通量等进行规划。

②农田道路。

农田道路即连接农田的道路，其主要的功能就是让农民能够顺利到达农田进行劳动作业，所以农田道路需要满足机械化农业生产需要，方便农产品运输等。根据作业方式的不同，农田道路又可以划分为机耕路和生产路。其中，机耕路是供机械化设备作业使用的道路；生产路则是供人力和畜力作业使用的道路。

（2）村庄道路规划的原则

村庄道路是其交通系统中的主要组成部分，道路的畅通程度影响着村庄各类用地间的联系与功能发挥，还有村庄间联系等。对于村庄道路的规划来说，首先，必须以村庄的自然地理情况及村庄发展现状为依据；其次，道路规划应满足建筑布置与管线敷设需要；最后，在道路规划上还应做到主次分明、分工明确，从而建立起较为高效、合理的交通系统。

具体来说，农村道路系统的规划建设主要有以下几种形式。

①方格式。

方格式道路以直线为主，大多呈垂直相交，在形态上十分整齐，类似于棋盘，因此也被称为棋盘式。方格式的道路布局的优点在于用地紧凑，便于建筑布置与方向识别，道路定向较为方便，不易出现复杂的交叉口，实现了车辆在道路系统上的均匀行驶。当某一道路上的行驶受阻时，车辆可以及时绕行，并且绕行线路不会增加行程和行驶时间。方格式道路布局的缺点则在于交通相对分散，主次功能不明确，容易形成过多的交叉口，阻碍交通的流畅度，方格式的道路规划通常用于平原地区。

②放射式。

放射式道路布局主要由放射道路与环形道路两部分组成。其中，放射道路负责对外交通；环形道路负责村庄各区域间的交通运输，并与方式道路相连，分担一部分过境交通。这种道路系统以公共中心为中心，由中心引出放射形道路，并在其外围地带敷设一条或者几条环形的道路，像蜘蛛网一样构成整个村庄的道路交通系统。环形道路有的是周环，也可以为群环或者多边折线式；放射道路有的是从中心内环进行放射，有的则是从二环或者三环进行放射，也能够和环形道路呈切向放射。放射式道路的优点在于能够使公共中心区与其他分区间实现畅通联系，并且能够通过环形道路将交通均匀分散到各分区。同时，放射性道路的路线有曲有直，能够与自然地形条件相结合。放射式道路的缺点则在于容易在公共中心区造成交通拥堵，在前往其他分区时需要绕行。但是，放射式道路布局在机动性和灵活性上则不如网格式的道路布局，绕行相对不变。如果在小范围内采用放射式的道路布局，还会由于道路交叉，形成很多不规则的小区，影响建筑物布置，放射式的道路布局通常适用于规模相对较大的村庄。

③自由式。

自由式即根据地形的特点和走向规划道路的一种布局形式。它是顺应地形条件进行的规划，因此道路规划并不形成一定的几何形状。自由式道路布局的优点在于通过与自然地形结合，使道路更加自然，且能够最大限度地减少道路施工建设土方工程的工程量，节省公路建设费用。同时自由式布局的道路还能够与乡村景观相结合，丰富乡村景观建设。自由式道路布局的缺点在于道路多为弯曲道路，且方向多变，容易造成交通紊乱。道路较为曲折，也影响了建筑物设置及管线布置使用。在自由式的道路布局下，建筑物的布置通常较为分散，这也对居民出行造成了一定影响，自由式道路布局通常应用于山区、丘陵及其他地形多变的地区。

④混合式。

混合式即以农村的自然条件与建设现状为依据，综合以上三种道路形式所进行的道路规划。混合式的道路规划能够做到因地制宜、扬长避短，满足了村庄发展的实际情况与需要。

上述的四种交通系统类型，各有优缺点，在实际的规划过程中，工作人员应该根据村庄的自然地理条件、现状特征、经济状况、未来发展的趋势及民族传统习俗多方面进行综合性考虑，做出比较合理的选择，不可以单纯追求某一种形式，绝对不可以生搬硬套搞形式主义，应该做到扬长避短，科学、合理地对道路系统进行规划布置。

（3）村庄道路设计的需求

①满足村庄环境的需要。

在生态美学的设计中，生态是人们需要关注的重点问题。因此，在村庄道路的设计上，就需要满足一定环境需要。从走向来说，要以有利于村庄通风为原则。例如，在北方的村庄，在冬季主要刮的是西北风，刮风的同时还会带来一定的风沙、雨雪等。因此，在道路的设计上就应该让主干道与西北向形成一定的垂直或倾斜角度，从而对村庄起到保护作用；对于南方的村庄来说，主干道的走向则应与夏季风平行，从而为村庄提供良好的通风条件。

同时，在现代社会，随着经济发展，机动车的普及程度日益提高，这也造成了农村的尾气与噪声污染。因此，从环境的角度出发，在道路的设计上一定要保证道路网处在合理的密度范围上，同时还应在道路两方加强绿化建设，以有效吸收机动车行驶带来的尾气与噪声。

②满足村庄景观的要求。

对于村庄道路来说，除交通运输的功能之外，其对于村庄景观的建构也有一定影响。村庄道路的线型、造型、色彩、绿化等能够与周围的建筑相结合，从而构成村庄的建筑景观。同时，道路还能够将村庄的各类自然景观、人文景观联系在一起，村庄道路就会成为观赏村庄景观的观景长廊。可以说，道路在村庄现代化面貌的建设中发挥着巨大的作用，因此村庄道路建设还必须满足一定的景观要求。

但是对于道路的建设来说，也不能为了追求景观效果而扰乱正常的交通规划，从而造成交通不畅，这就脱离了道路建设最根本的目的。

（4）道路绿化

道路绿化即在道路两旁种植乔木、灌木等植物，其主要的目的有以下两个：一是美化环境，二是对道路进行保护。因此，根据绿化的作用，绿化可分为以下三种类型，即行道树、风景林、护路林三种。其中行道树和风景林以美化道路环境为目的，护路林则以保护道路为目的。行道树的种植方式为在道路的两旁或一旁种植单行的乔木，风景林的种植方式为在道路两旁种植两行及以上的乔木或灌木，护路林的种植方式为在道路两旁或一旁的空旷地带密植多行的乔木、灌木。

2．教育设施规划

（1）中小学教育设施规划

村庄的中小学主要由教学楼、办公楼、运动场等建筑和设施构成，此外对于有些条件较好的村庄中小学来说，还应设计礼堂、室内活动室等。从建筑面积来说，村庄小学在建筑与行政建筑的面积上的规模应达到 2.5 平方米每生，中学则为 4 平方米每生。

在教室的设计上，桌椅的排列方式，对教室的大小有着重要的影响。学生的桌椅是学生室内学习的主要设施，因此在桌椅的排列上，应先从学生日常学习生活需要出发，为了保护学生的视力，第一排的桌椅应安排在距黑板 2 米以上的距离，最后一排桌椅距离黑板的距离则应小于 8.5 米。从桌椅的排列来说，如果横排的座位数量过多，就会导致两旁的座位过偏，不利于学生学习。因此，桌椅横排座位的设置应以 8 个以内为宜。因为教室规模及学生学习需要、身体发育等方面的要求，所以中小学教室的轴线尺寸及层高等都有所不同。小学教室的轴线尺寸通常为 8.4 米×6 米，教室层高在 3.0～3.3 米的范围；中学教室在轴线尺寸和层高上都略高于小学教室，其轴线尺寸通常为 9 米×6.3 米，教室层高在 3.3～3.6 米的范围。

对于教室来说，黑板和讲台是重要的教学设施，教师的讲授和学生的学习都离不开黑板与讲台。因此，黑板和讲台也是教室规划设计的重点。通常来说，黑板的主要是用水泥沙浆制成的，其规格为长 3～4 米、高 1～1.1 米。为了避免反光，同时也为了使学生能够更有效、健康地观看黑板，一方面在黑板的制作上，需要在其表面刷黑板漆，还可以使用磨砂玻璃；另一方面，则应该科学设置黑板位置，特别是其与讲台的位置。通常来说讲台的规格为高 0.2 米，宽 0.5～1.0 米，黑板的下端距讲台通常为 0.8～1.0 米距离。

为了保证教室的环境，每个教室都设置有一定数量的窗户，其主要目的是采光和通风。从采光来说，教室窗子的采光面积，应以教室地板面积的 1/4～1/6 为宜。同时，为了避免室外活动对室内学生的影响，在玻璃的选择上尽量使用磨砂玻璃。从通风来说，可以开设高窗以便通风。另外，对于北方地区来说，由于冬天天气寒冷，为了便于通风换气，还可以在教室外墙的采光窗上设置小气窗，其面积以教室地板面积的 1/50 为宜。

除学习之外，教室的设计还应考虑特殊情况下的应急疏散问题。因此，为了便于师生疏散，在教室的前后都应该设置一门，为了便于师生通过，门的宽度应大于 0.9 米。

阅览室是供学生进行阅读的重要场所。阅览室的座位数量、座位面积等都受到学校规模影响，阅览室面积的大小也受到阅读方式的影响。例如，一间阅览室会设置不同的分间，较大的分间用于图书阅读，较小的分间则用于报刊阅读。阅览室的规划设计在宽度、层高等方面应与教室的标准保持一致。

田径场是学生室外活动的重要场地，而对于田径场的规划设计来说，主要就是跑道的规划设计，跑道的周长可以设为 200 米、250 米、300 米、350 米、400 米。小学应该有一个 200～300 米跑道的运动场，中学宜有一个 400 米跑道的标准运动场。运动场长轴宜南北向，弯道多为半圆式，场地要考虑排水。

厕所也是村庄教育设施中的重要组成部分。通常学校需要为学生、教师与行政工作人员分别设置专用的厕所。在学生厕所的规划上，通常依据学生数量及男女生比例进行设计，在每层教学楼的两侧，通常设置有一定数量的厕所。村庄中小学校的厕所通常有蹲式、坐式两种，对于小学生及女生来说，可以按照蹲、坐各半的原则进行便池设计。此外，考虑小学生的身高，在选择卫生器具时，就需要对其间距与高度问题进行选择，应选择比普通尺寸小的卫生器具。

（2）托幼建筑设计

①地址选择。

在托幼建筑的地址选择上，通常需要考虑位置、环境、规模等方面的因素：

托幼机构在服务半径上不能设置过大，以500米内为宜，既便于家长接送，又能够避免对交通造成干扰。

应选在自然条件较为良好的地方，如日照充足、通风良好、场地干燥等，从而为幼儿的室外活动提供良好的环境条件。

应尽量远离污染源，保证幼儿及教师等其他工作人员的身体健康。

能够满足托幼建筑的各种功能布置与分区要求。

②总平面设计。

对于村庄的托幼建筑来说，在总平面设计上，必须按照规划设计方案中对各项功能建筑与用地的要求和规划进行设计，保证功能完整、分区合理、便于管理、满足幼儿身心成长与活动需要。

③儿童房间规划设计。

儿童房间即供幼儿进行室内教学、饮食、活动等需要的场所。通常来说，在儿童房间的设计上应遵循坐北朝南的规则，保证室内采光、通风等。在地面材料的选择上，还应该结合儿童的成长特点，选择一些暖色的、弹性较好的材料制作地面。此外，有些村庄由于冬季较冷，因此需要在儿童房间内设置采暖设备，所以从保障幼儿安全的角度出发，儿童房间应做好充足的安全防护措施。

对于托幼建筑来说，还需要设置供幼儿休息的寝室。为了保证幼儿的休息，在寝室的规划设计上必须充分考虑到环境因素，例如，对于气温较热的地区，为了保证幼儿休息，需要设置专门的遮阳设施。在寝室内，最主要的设施就是幼儿的床。其大小需要根据幼儿的身体尺度进行设计，在材料选择上则应以安全为主要原则。此外，在床位之外还应留出一定位置的空道，方便人员走动及保育人员对幼儿休息情况的观察。

此外，根据幼儿特点，还应在教室内设计一定数量的卫生间，便于幼儿上厕所或保育员替幼儿换洗衣服。卫生间的位置是其规划设计中的一个重要问题。针对幼儿的特点，卫生间应设置在靠近寝室的地方。同时，卫生与安全也是卫生间规划设计所要考虑的问题。从卫生来说，卫生间的洁具数量应符合相应规定，且是适合幼儿使用的。同时，卫生间还应做到地面干净、整洁、防滑，在保证卫生的同时，避免幼儿出现滑倒等问题。

音体活动室是幼儿在室内进行音乐、体育、游戏、节目娱乐等一系列活动的场所。它是供全园幼儿公用的房间，不应该包括在儿童活动单元之内。这种活动室的布置应该邻近生活用房，不应该与服务、供应用房等混合在一起。可以进行单独设置，宜用连廊和主体建筑进行连通，也能够与大厅结合在一起，或和某班的活动室结合起来使用。音体室地面应该使用暖色、弹性等材料，并且应该设置软弹性护墙防止幼儿发生碰撞。

3. 医疗设施规划

（1）村镇医院的分类与规模

根据我国村镇的医疗卫生建设实际情况，村庄的卫生医疗机构主要分为中心卫生院、乡镇卫生室、村卫生室服务站等类型和层次。其中，中心卫生院主要建设在中心村镇，也是我国村镇三级医疗机制中最高的机构。因此，从规模来说，中心卫生院的规模是村镇医疗机构中最大的，其病床设置数量为 50～100 张，门诊工作量为 200～400 人次 / 日。

而乡镇卫生室、村卫生室服务站等则属于村镇的基层医疗机构，主要承担本村镇的日常医疗工作，负责一些卫生医疗知识的宣传工作等。因此，从规模来说通常较小，门诊工作量约为 50 人次 / 日，并设有 1～2 张观察床。

（2）医疗建筑规划设计

①布局类型。

村镇医疗建筑的规划通常有以下几种类型。

分散式布局。分散式布局即根据医疗与服务的性质与功能，分幢建造相应的医疗建筑。分散式布局能够对不同性质和功能的医疗建筑进行合理分区，并使其保持合理距离，从而保证医疗建筑通风等。对于进行分期建设的医疗建筑来说，适宜采用分散式布局。但是分散式布局也存在一定缺点，由于分区造成各部分之间的交通路线较长，增加了医护人员的往返距离，不利于各部分间的联系。此外，建筑位置的相对分散，也增加了相关管线长度。

集中式布局。集中式布局将不同功能的科室设置在一栋建筑之内，其优点在于节省占地面积、减少投资；相对集中，便于相互间联系与管理等。但是，相对集中，也造成了不同科室间的相互干扰，这也是集中式布局的不足之处。对于村镇的卫生院来说，由于其规模较小，通常采用集中式布局。

②规划要点。

对于村镇医疗设施的规划来说，通常需要遵循以下要点。

在门诊的规划上，层数通常设置为1～2层，当设置有两层门诊时，设计师应将一些病人就诊不方便的科室或是就诊人数较多的科室安排在一层，如外科、儿科、急诊等。

在交通上应保证交通顺畅，防止出现拥堵。尤其是对于规模和就诊量较大的中心卫生院来说，为了便于人员流动与疏通，设计师需要分别设计门诊部与住院部的入口，要保证候诊室面积及其与各科室之间的联系，使患者能够尽快从候诊室到达所要前往的科室。

在住院部的设计上，为了保证患者的休息，应尽量为其提供良好的环境，要考虑采光、通风、隔音等环境因素。在病房的设计上，则应根据病房规格，按照合适的密度安排病床，通常以4～6人一间为标准。对于那些有较高需求或者病情较重的病人，还可以设置双人间或单人间。

4. 文化娱乐设施规划

村庄的文化娱乐设施是广大村民进行文化娱乐活动的主要场所，同时也是党和政府对村民进行宣传教育，以及进行农业、科技等方面知识和技术普及的重要场所。它对于农村的物质文明与精神文明建设具有重要作用。因此，在文化娱乐设施的规划上应注意以下几点。

①保证文化娱乐设施的知识性和娱乐性。就村庄文化娱乐设施的性质与功能来说，其通常分为文化站、阅读室、棋牌室、体育室等各种活动室。这样一来，既能够以相对灵活、自由的方式，开展对村民的思想宣传教育和科学知识与技术普及。同时，也能够通过各类活动室设置努力满足村民的娱乐需要，尽量做到知识性和娱乐性兼顾。

②保证文化娱乐设施的艺术性和地方性。作为文化娱乐设施，一定要体现出一定的艺术性，例如，在建筑造型设计上，必须做到美观，有一定的艺术氛围。同时，每个村庄的文化娱乐设施都要具有一定的地方文化和特色，因此在文化娱乐设施的规划设计上，还应充分结合地方文化，展现地方特色。

③保证文化娱乐设施的综合性和社会性。由上述分析可知，村庄文化娱乐设施具有教育、娱乐、宣传等各种功能，活动内容丰富多彩，因此对于村庄文化娱乐设施的规划来说，就应该以综合性为标准。同时，由村庄文化娱乐设施的性质可知，其是为广大村民服务的，因此在规划时，还应注意其社会性。

第四章　中国传统美学思想在环境艺术设计中的体现

我国的环境艺术设计甚至其他国家的环境艺术设计都对中国的传统美学思想有所体现。本章就分别从儒家设计美学、道家设计美学、禅宗设计美学三种中国传统美学的角度，对环境艺术设计的美学进行分析。

第一节　儒学思想中的美术设计理念

一、儒家美学的思想特征

儒家美学产生于春秋时期，其美学思想的代表人物是孔子和孟子。作为儒家思想的创始人，孔子在美学思想上起到了承前启后的作用。他对春秋以前的美学思想成果进行了全面的梳理总结，形成了完整的中国传统美学基础体系，并为儒家传统美学的发展奠定了核心基础。

（一）尽善尽美

尽善尽美的美学思想是孔子在《论语·八佾》里评论美善关系问题时提出的具有深远意义的看法和重要审美标准，“子谓《韶》：‘尽美矣，又尽善也。’谓《武》：‘尽美矣，未尽善也’”。[①] 它不仅属于一种针对特定审美对象的审美标准，而且是中国传统美学的核心思想之一。在中国，很长时间以来大家认为善即是美，美就是善，二者混沌不分。孔子第一次把美与善明确、系统地区分开来，对艺术设计之美与人们所追求向往的善，提出了既统一又有区别的观点。从物体本质上讲，“美”通常是指能直接引起人们生理与心理变化的感性形式，是社会中个体的包括审美在内各种感性心理欲求的外化；“善”则是体现伦理道德的观念形态，是特指社会伦理道德观念的积淀。这种区分实质上是将儒家至善至美的德行，形

① 孔子．论语[M]．杨伯峻，杨逢彬，注译．长沙：岳麓书社，2018．

象地贯穿到美学思想理论中。“美”是事物的外在形式表现，“善”表达的则是事物的内在美，也是理想型事物的最终体现。孔子认为“美”的东西不一定是“善”的，“善”的东西也不一定是“美”的，只有将“美”与“善”统一起来才是最完美的追求，即形式与内容统一，才更能体现环境艺术设计的美学境界。

（二）中和之美

数千年来，中国美学界一直把孔子思想的“思无邪”作为审美标准，人们在全面、准确地研究孔子的审美标准以后，发现孔子继承和发展了前人“尚中”“尚和”的思想，形成了独特的中和之美思想，并在此基础之上提出了中庸的美学原则。“中”是指力求矛盾因素的适度发展，使矛盾统一体处于平衡和稳定状态；“和”就是多样或对立因素的交融合一。具体地讲，中和之美就是指结构和谐、内部诸多因素发展适度的一种美的形式。

孔子的中和之美思想强调情思的纯正和情感的恰当表现，并提倡以适中、适度为原则，最终形成和谐统一的平和美。无论是自然美、社会美还是艺术美，孔子的美学思想均是从中庸原则出发，将“中和”作为审美标准的。中和之美是他最高的审美理想，也代表了多数人的审美趣味和愿望，对中国的环境艺术设计产生了巨大的影响。

（三）礼乐思想

中国传统美学思想中除包括对艺术作品审美的追求外，还包括人类的行为所应该遵守的“礼”。在孔子思想确立以前，“礼”和“乐”都受到重视，但是两者是分开谈论的，谈“礼”就是“礼”，谈“乐”就是“乐”。到了孔子思想确立之后，把“礼”和“乐”这两者统一形成系统的体系，成为礼乐思想。礼乐思想中的“乐”是要为“礼”服务的，“礼”在中国传统文化中是和地位结合在一起的。孔子在他的礼乐思想中主张等级制度，不同地位、不同等级的人所享受的待遇和拥有的权力是不相同的。

孟子的美学思想在很大程度上可以说是孔子美学思想体系的继续。在孟子所著的《孟子》七篇中，对尽善尽美、中和之美和礼乐思想做了进一步的阐述提升，极大地丰富和延续了儒家的美学思想。

二、儒家美学在环境艺术设计中的美学理念

先秦时期是承前启后的时期，社会文化发生激烈变革，一方面摆脱原始巫术

的神秘感，另一方面中国千年的人文基调和传统文化的心理构架逐渐形成，儒家思想成为中国传统美学的根源。儒家美学对我国艺术设计产生了重大影响，并且形成了一种造物的价值观念，这种价值观念深深地影响着人们，使得造物成为中国伦理美学的物化表现。

随着科学技术与工业文明的发展，人类从自然中获取了巨大的财富，但同时也引发了人口大量增长、环境污染和自然资源匮乏等严重的生态问题，并直接危害到人类自身的生存环境。在这种情况下，国际社会提出了“可持续发展”理念。在现代环境艺术设计中，也产生了可持续性设计、绿色设计、生态设计等一系列现代设计美学理念。设计是一门实践性和参与性很强的造物活动，要从根本上改善生态危机，除了在具体环境艺术设计中要有明确的生态环保观念，还要将生态环保设计美学融汇于设计者的设计理念之中。而这样的生态环保设计美学早就已经在中国儒家天人合一美学中萌芽，因此我们应该从儒家美学传统的生态理想中得到启示，在现代环境艺术设计中构建新的生态环保美学。深刻了解儒家美学中的生态美学意识对中国现代环境艺术设计的影响，有助于我们从更深层次上挖掘中国传统美学的精华及其深刻的审美哲学根源，使儒家美学更好地为现代环境艺术设计服务。

（一）天人合一

儒家美学的天人合一思想最早出现在《易传》和《中庸》中。以德配天的思想是西周时期的神权政治学说，这一思想内涵主张人要与自然环境相互适应、相互协调。作为中国传统美学主流思想的儒家美学、道家美学及禅宗美学都主张天人合一，虽然这三家美学思想在内涵上各有所指，但其主张人与自然和谐共生的思想是一致的。

从生态伦理学的角度来看，儒家美学认为天人合一中的“天”是指“自然之天”，是广义上所指的自然环境，“人”指的是文化创造及其成果。所谓天人合一，主要是指人类和自然环境应该和谐共生、密不可分、共存共荣、相互促进、协调发展，这就是天人合一。这也是天人合一的宇宙观，它解释了人在宇宙中的角色和位置，人不是大自然的奴隶，也不是自然环境的主宰者。因此，在现代环境艺术设计中，我们要树立天人共生的观念，破坏自然环境就等于毁灭自身。这种朴素的天人合一的宇宙观正是现代环境艺术设计生态美学价值系统的逻辑起点。

（二）万物一体

儒家美学万物一体思想的核心是和谐秩序观。“大人者，以天地万物为一体者也，其视天下犹一家，中国犹一人焉。若夫间形骸而分尔我者，小人矣。大人之能以天地万物为一体也，非意之也，其心之仁本若是，其与天地万物而为一也。”[①] 这种美学指在环境艺术设计中，要在设计意识、设计理念及技术手段上，用国际化的眼光发展本土化、民族化的设计，体现传统美学内涵、民族的特色，以求同存异、和而不同的心态加强国际合作。

（三）仁者爱物

《礼记》记载：“断一树，杀一兽，不以其时，非孝也。”“开蛰不杀当天道也，方长不折则恕也，恕当仁也。”[②] 这些美学理念充分体现了儒家美学道德理念对礼、义、仁的强调，人类要把对自然万物的爱物惜生之情和爱人悯人一样，视为儒家美学思想中的应有之义，以“爱物”作为行为规范。“爱物”就是要做到“取物以顺时”“取物不尽物”。这种仁爱自然万物的思想正是现代环境艺术设计必须遵循的设计美学法则，是现代环境艺术设计师最需要培养的设计素养，它使设计造物在人的需求与自然资源之间求得生态伦理上的平衡。人们只有具备仁爱精神，才能做到“应之以治则吉”“强本而节用，则天不能贫；养备而动时，则天不能病；修道而不贰，则天不能祸”[③]。在环境艺术设计中，应把“爱物”体现在“循道不妄行”上，把“仁爱”体现在“不为物欲所役使”上，将道德观念与艺术设计审美结合在一起。

儒家美学强调设计造物要包含道德内容，即“爱物”与“仁心”要统一，如此才能达到尽善尽美的审美要求。在环境艺术设计中，“善”可以被理解为设计的功能内容，“美”可以被理解为设计的形式。“善”与“美”的统一，就是环境艺术设计所表述的功能与形式的统一。

（四）天人合德

儒家美学的天人合德思想是中国传统美学价值观的体现与取向，是对人类价值观的探讨，儒家美学思想认为人价值的实现在于天人合德。因此，环境艺术设计应该把“人－社会－环境”统一成共生体，把设计过程看成一种生生不息的过程，遵循历史的前进规律和自然的发展规律，以“生生之德”成就人与自然万物的和谐共生，以天人和谐相适作为设计第一位的目标。

儒家美学实质上走的是由“形而下”到“形而上”的“下学上达”的认识思

① 王阳明．传习录[M]．陶明玉，校注．沈阳：万卷出版公司，2022.

② 戴圣．礼记通释[M]．贾太宏，译注．北京：西苑出版社，2016.

③ 荀子．荀子[M]．曹芳，编译．沈阳：万卷出版公司，2020.

维路线。在阶级社会里，设计造物被视为用以载“道”的“器”，造物艺术不仅仅是在创造物质财富，更具有强大的政治功能，这种造物观念深深影响着中国传统设计文化，中庸原则也对环境艺术设计及现代社会发展有着重要的参考价值。

三、儒家美学对环境艺术设计的影响

以农业文明为基础的儒家美学，尽管未能呈现出现代社会的设计美学观念，但其深刻的生态美学认知仍然可以为现代环境艺术设计提供有价值的参考。儒家美学也可以被视为现代环境艺术设计的思想源泉。

（一）揭示了环境艺术设计的发展过程

设计创造活动呈现为不断发展的过程，创作的对象在此过程中逐渐形成，并协助其他创造活动直至完成，设计中的各要素和各环节都在发展中得到整合。设计的过程并非孤立或静止，而是持续不断地演进着。

儒家美学中的天人合一理念的核心在于观察天道并遵循人道，使人道与天道相适应。天人合一的设计美学与环境艺术设计的可持续设计理念相契合，这一儒家思想在设计美学中的体现，就是通过模仿各种自然艺术形式，来连接自然、宇宙与人的性情、道德，并在创造中表现出儒家美学对人、自然、宇宙关系的诠释。在设计过程中，应考虑材料的运用和造型的选择，使其与人的心理、情感和道德标准相适应。环境艺术设计不仅要实现实际功能，还应引导使用者思考人文意义、精神关怀和自我认知，联想到美好事物，建立设计与人之间的微妙情感联系。设计者应该赋予设计人性特征，使环境艺术设计与人的情感、道德和理想相协调，并利用物质材料来展现对美好的追求和赞美。同时，可以通过设计的形式来反映出变化与和谐统一的审美原则。

（二）确立了环境艺术设计中人的主体性

儒家美学以“仁学”理论为基石，具有明显的政治属性，塑造了一套理性精神和民主框架。在其中，人格之美被视为“仁学”的核心概念，而艺术之美与自然之美则被视为人格美的自然延伸与扩展。儒家美学的基本理念是“仁、义、礼”，仁学，确立了人的主体性，提倡尊人之道、敬人之道、爱人之道和安人之道，《论语》中上百次地提到“仁”,“仁”的理念本身就具有审美性，具有非概念的多义性、活泼性和无穷尽性。

环境艺术设计被誉为以人为中心的科学。其设计核心是个体的创造潜能和内在驱动力。这一设计活动充满创意，旨在满足人类的心理需求和欲望，而不仅仅是展现个体理念。与此同时，它也能够改变生活状态。儒家美学肯定了个体的主体性，为设计提供了美学理论基础，更加强调了个体在自然秩序中的角色，确保其在历史进程中占据主导地位。这种思想与环境艺术设计的创新本质相契合，强调了设计的动态性，鼓励深入探索设计的真正本质和创作方式，对于激发设计思维具有深远意义。

（三）协调了环境艺术设计主体之间的关系

儒家美学的观念中的天人合德，强调人作为中心角色，具备创造力和内在动力。然而，在改变自然的创造过程中，人必须尊重自然。现代生态美学在理解世界的同时，也在积极塑造世界，其焦点不仅限于个体或自然，更注重人与自然之间的互动。从人－社会－环境的生态系统整体视角出发，必须同时从人的视角看待自然环境，并从自然环境的角度审视人类。这种综合性的设计哲学在环境艺术设计中是通过全面考察各设计元素之间的关联来实现的，具体而言，这包括在设计、消费、使用与设计的生产成本、结构和风格之间的平衡，以及在更宏观层面上，追求人类、社会和环境之间的全面协调。因此，儒家的生态美学观念在处理人－社会－环境关系方面，对环境艺术设计具有关键的指导作用。

（四）正确认识了环境艺术设计的社会价值

儒家美学以天人合一理念为基础，将整个自然环境视为统一的生命体系。孔子早期倡导“仁爱万物”，这一观点不仅调和了人与自然的关系，还将人的道德观扩展到了自然生态领域。儒家认为人与天地万物是一个整体，深刻体现了生态伦理美学的内涵。从本体论的角度看，儒家美学认为人与所有事物都源于同一根源，形成一个相互联系的有机系统。这种观点强调了人、自然和所有事物的统一性，强调全面尊重自然，避免不合理的行为。

现代生态环境设计是环境艺术设计中的一种新兴方法，它根据生态学原理对人工生态系统的结构、功能、代谢和产品流程进行系统性设计。这种设计遵循本地、节能、自然、逐步演化、公众参与和天人合一等原则，并侧重于减少、再利用和循环的理念。这种设计方法遵循自然原则，与自然相互协作，尽量减少对环境的干扰，确保设计的可持续性。如果设计师将这种整体设计思维和观念融入环境艺术设计，设计将呈现出更为丰富的创意和想法，不仅局限于形式和功能，还会超越仅寻求人与社会、环境之间和谐的简单目标，而延伸至更广泛的领域。

儒家的设计美学强调人与自然之间深刻的联系，承认人与自然的差异，注重文化价值，突出人与社会的存在价值和主体道德价值。在生态设计实践中，儒家美学主张充分发挥人的主观能动性，承认主体在协调人与社会、人与自然关系中的作用。总的来说，先秦儒家美学对环境艺术设计产生了深远的影响，为中国与西方国家之间民族文化、艺术和性格的差异奠定了基础。

四、儒家美学对环境艺术设计的启示

（一）“仁”是环境艺术设计基础

儒家美学的核心概念是“仁”，其旨在追求人际关系和人与环境之间的和谐共生。在古代封建社会，这一理念成为维持封建伦理体系的主要工具；而在现代，它更多地被看作激发人们向善的思想因素。“仁”的观念在环境艺术设计中有所体现，它既是中华传统美学的基石，又与西方人文主义设计理念相呼应。环境艺术设计强调人的中心地位，而儒家美学中的“仁”为这一观点提供了坚实的支持，即所有设计应基于人的实际需求。

在面对设计需求时，环境艺术设计师通常需要在审美形式和人的实际需求之间取得平衡。如何处理这一平衡是环境艺术设计中的核心问题，这一问题在国内外的设计实践中都显得至关重要，儒家美学可以为应对这一问题提供有益的启发。

在儒家美学关于“仁”的探讨中，“己欲立而立人，己欲达而达人”以及“己所不欲，勿施于人”① 都反映了人际关系的互动。设计师和客户都是人，他们之间的差异通常源于设计师对美的理解和客户对设计的实际需求。儒家美学中的“仁”在日常生活中具有很高的可操作性，其意义通常通过实际事件得以证明。同样地，环境艺术设计也需要经过实际工程的验证，仅仅依靠理论很难称之为成功的作品。客户的实际需求和审美偏好是必须充分考虑的因素，设计师不仅仅是艺术家，其真正的价值在于所创作的设计能够满足人们的需求，并体现出当代的审美观念。因此，环境艺术设计师应当以“仁”的理念为指导，放下个人的审美追求，全心满足客户的需求，这样才能真正实现环境艺术设计的价值。

（二）“礼”是环境艺术设计标准

儒家美学所强调的“礼”被视为维护封建社会层级与和谐的伦理支柱，代表着社会秩序和社会遵守的价值观。在中华传统美学的发展过程中，“礼”的体现

① 孔子．论语 [M]. 杨伯峻，杨逢彬，注释．长沙：岳麓书社，2018.

通常通过具体的数字、色彩、纹理、设计和布局等方式贯穿设计的各领域，从而确保封建社会的阶层、秩序和家谱的稳定性。举例来说，在北京故宫的三大殿屋顶上，选用金黄色琉璃瓦，其数量与《易经》所描述的天数一致。其他建筑不可模仿这种设计，因为它象征着皇家威权。而在苏州私家园林中，建筑装饰和梁柱的彩绘则与园主的身份相匹配，既展示了主人的社会地位，又反映了其个人审美趣味和追求。总之，“礼”实际上无所不在，在当代环境艺术设计领域，儒家美学中的“礼”仍然具有重要地位。然而，现今以“礼”为核心的设计理念已不再服务于封建统治，而是转变为满足广大民众需求的方式，通过各种设计元素如材质、数值和装饰风格，来实现国家和社会所需的服务目标。

（三）“天人合一”是环境艺术设计理念

在中华传统美学理念中，存在一个最为古老且核心的审美观念，即“天人合一”。这一观念不仅不依附于某一特定的思想或宗教流派，而且已成为被各种思想流派普遍重视的核心美学原则。孔子所表述的“天人合一”观点，不仅阐释了人与自然环境之间密切的联系，还被视为最具洞察力的中华美学理论之一。在环境艺术设计领域，环保理念占据着关键地位，与之相应，儒家美学的“天人合一”理念为维护人类与自然之间的和谐关系提供了意义深刻的理论基础，强调了人类与自然双方的相互依存关系。

（四）“克己”是环境艺术设计意识

在儒家美学观念中，“克己复礼”代表着孔子对于人际道德的核心思想，着重强调了对个人欲望的克制。现今，一些环境问题皆由于部分人过分追求个人私欲所导致。因此，推广生态环保意识已刻不容缓，要将生态环保观念融入环境艺术设计之中，首要条件是设计师需要培养“克己”之心态，随后将其融入创作实践中。具体来说，设计师需要树立以下两个观念。

1. 强化设计的生态环保观念

环境艺术设计师应以“克己”为基础，培养生态环保意识，并在设计实践中广泛引入生态环保元素。这要求设计过程更加聚焦于生态环保的理念，也包括广泛应用生态友好材料。在儒家美学观念中，“克己”是一种崇高的行为，旨在牺牲自我实现自身与生态环境的平衡。对于设计师而言，这需要大量学习生态环保知识、进行实践研究，并舍弃一些不符合生态原则的设计方法和过度的商业追求，创造出更为健康、生态友好的现代环境艺术设计作品。

2. 追求作品的生态环保观念

随着现代设计师逐渐树立了生态环保的观念，相应的生态保护设计作品也开始不断涌现出来，这些设计作品在空间规划和材料选用方面均秉承着生态环保的原则。在空间设计方面，设计师要奉行“克己”的理念，最大限度地充分利用每一块空间，杜绝浪费。未来社会的高人口密度和快节奏的生活方式使资源节约和生活简约变得更为关键。而在选择材料方面，采用生态友好材料不仅对人类健康有益，还能减少对自然资源的过度消耗。

第二节　道家思想中的美术设计理念

一、道家美学的思想体现

（一）道家美学的思想特征

从中国传统美学心理结构的深层意义上看，以老子、庄子为代表的道家美学对中国传统美学和艺术理论产生了深远的影响。老子的美学观点奠定了中国传统美学的基础，并被看作道家美学的核心要素。在这一框架内，庄子进一步深化和扩展了道家美学，从审美的角度提炼出众多深刻的美学理念，对后代的艺术创新和审美设计起到了一定的启发作用。

1. 崇尚自然朴素观

“自然”在中国传统美学中拥有重要地位，也是众多艺术家长期追求的理念之一。这一概念涵盖了事物的本质、不受人为干预的特质，以及避免过度修饰的原则。将这一理念融入中国传统美学，彰显了雅致的宁静、朴素的纯粹、精神上的自由，以及技巧上的解放。在道家美学中，强调自然与朴实之美，自然与朴实之美体现在以下三点。

（1）返璞归真

道家美学把自然之“道”看作现实世界之美的根源、万事万物的本源。事物的体现只是局部的“道”，而非整体的“道”，整体的“道”只能体现在大自然中，天地之美是美的极致。

（2）美真统一

主张真善美的统一和谐，反对矫揉造作。遵循自然朴素之美是最高境界的美，必须以自然和谐为法则，不能违背自然发展规律，应顺应自然，崇尚不事雕琢的自然之美。

（3）内在之美

推崇事物的内在之美，主张美丑相对。在崇尚自然朴素之美的同时，不能只着眼于事物的外在表象形式，应该注重强调事物的内在之美。道家美学理论中表述“美”时，强调了事物的内在之美，把道德和人格放在了美的首位，而外在的表象美只处于相对意义的从属地位。内在的“丑”可以抵消外在的“美”，内在的“美”可以抵消外在的“丑”。

2. 虚实结合审美观

道家美学提出了许多设计美学观点，其中“有”与“无”、“实”与“虚”的思想理论为中国传统美学提供了一条重要的审美原则。“天下万物生于有，有生于无”①，“有”和“无”构成了宇宙万物，如地为有，天为无，地因天存，天因地在，缺其一则无他物。世间万物都是“有”和“无”的统一，或者说是“实”和“虚”的统一，统一即是美的境界。

虚实结合的美学理念认为，艺术创作时虚实结合才是艺术创作应当遵循的内在规律，才能真实地反映有生命的世界。无画处皆成妙境，无墨处以气贯之，这是“虚实相生”“计白当黑”的美学反映。“此时无声胜有声”“绕梁三日，不绝于耳”② 是有声之乐的深化与延长。这些其实都是道家美学“大音希声，大象无形”③的具体发展。“实”与“虚”的美学思想在传统美学设计手法中也有深刻的体现。

（二）道家美学在环境艺术设计中的美学理念

从中国传统美学的传承视角来看，后代的多种美学思想和理念都与道家美学有着紧密联系。很多美学和设计理念都起源于道家美学的演化和扩展，可以说，道家美学为中华传统美学打下了坚实的基础。

1. 道法自然

道法自然是道家美学最基本的核心内容，“自然”“天文”和“人文”的概念是在先秦时期提出的，“观乎天文，以察时变；观乎人文，以化成天下”④。观察天道运行规律，以认知时节的变化；注重人事伦理道德，并教化推广于天下。“人

---

① 老子．道德经[M]. 安伦，译．上海：上海交通大学出版社，2017.

② 列子．列子[M]. 叶蓓卿，译注．北京：中华书局有限公司，2015.

③ 老子．道德经[M]. 安伦，译．上海：上海交通大学出版社，2021.

④ 周易全本全注全译[M]. 中华文化讲堂，校注．北京：团结出版社，2017.

法地，地法天，天法道，道法自然。”[①] 简单阐释为人要以地为法则，地以天为法则，天以道为法则，道以自然为法则。

道家美学研究分析了人类和宇宙中各种事物的矛盾之后，精辟涵括、阐述了人、地、天乃至整个宇宙环境的生命规律，认识到人、地、天、道之间的联系。宇宙的发展是有一定自然规则的，它按照其自身完整的变化系统发展变化，只遵循宇宙自然法则。大自然是依照其固有的规律发展的，是不以人的意志为转移的。所以，大自然是无私意、无私情、无私欲的，也就是我们提倡的所谓道法自然。

2．大象无形

“大音希声，大象无形，道隐无名”[②] 理念诠释了人类对待事物的审美应当有意化无意，大象化无形，不要显刻意，不要过分主张，要兼容百态。关于人类与事物根本性的矛盾，老子阐述了一种解决思路，并从中诞生了道家美学的核心要素——“象”也从这种思路中产生。在老子的道家审美哲学中，“大象无形”这一概念被视为最高层次的表达。因此，道家美学的基本原则是“观察象以探讨道”。

然而，“象”并未实现完全的理性表达。这是因为“象”是“名”的一种变形，需要与其对立面——“名”进行对照，以充分阐释其内涵。这一观点在《道德经》的哲学理念中未能获得认可，因为根据《道德经》的美学理念，“自然”“自足”“自正”和“自化”等概念都强调了对个体自由的绝对信仰，因此“象”也应当是独立存在的、是无形的。

《道德经》指出，人、地、天各自拥有其独特的“法则”。然而，“道”的“法则”是相对于“有法”的，最终会回归到“无为”，此后不再具有任何“法则”。因此，可以将“象”的美学归结为一种难以言传的内在信仰。这种信仰根源于每个人独特的人生观。因此，“名”和“象”分离，展现出它们各自的审美特质，更加凸显了它们所固有的自然之美。

3．贵柔尚弱

道家美学的审美观点主要根植于“道”的理念，而不过多强调审美与艺术创作之间的关联。在美学领域，这里的“道”被理解为道者尊贵，德者高贵，无需强加，自然而然。这一理念强调了对温和之美的推崇，强调了对弱势的偏爱。老子哲学强调了事物之间的不绝对对立，而是存在着相互关联、相互依赖及不断转化的关系。静与动之间具有互相转化的可能性，在某些情境下，柔软的元素可能会展现出坚韧和力量的一面。因此，道家思想倡导以柔克刚的态度来胜过坚硬，

① 老子．道德经[M]．安伦，译．上海：上海交通大学出版社，2021．

② 老子．道德经[M]．安伦，译．上海：上海交通大学出版社，2021．

表达了以静制动、弱胜强、柔克刚、少胜多的哲学思维。

老子美学思想中很注重“柔”，“天下莫柔弱于水，而攻坚强者莫之能胜，以其无以易之”。[①] 在世间，没有比水更为柔弱的东西了，然而，当面对坚固的障碍时，没有什么能够胜过水。水具有独特的特性，无法被其他物质所替代。柔软的力量可以克服坚硬的阻碍，在脆弱之中蕴含着坚强，温和和柔韧就是生活的正道。在道家美学中，有一种强调柔美的观念，它不仅强调与自然和谐共生，还在艺术中体现了柔美与自然的特质，正如“知雄守雌”和“知白守黑”的观点所示。

4. 游之美

在道家美学中，“游”的思想象征着人类精神的巅峰状态，即在现实基础上达到的极致自由。这一状态表现为对自我和事物的遗忘，有助于淡化个体的价值取向和道德观念，表达出一种自然纯真的精神。此外，“游”的核心含义在“道”与人类世界的互动中有更深层次的体现，进一步揭示了“大美”的核心本质以及道家美学的实际价值。它让人们认识到“万物皆出于机，皆入于机”[②] 的哲学理念，从而达到与“道”的和谐，接近生活和艺术创作的巅峰境界。因此，通过超越个体特性，达到与自然的和谐统一，把握自然界中的至高自由，这种自由既超越了物质和精神的边界，也没有过多强调它们之间的差异。这种“忘我”和“忘物”的境界代表了广泛的容纳和和谐，诠释了“大美”的真正本质。

5. 清之美

在道家美学中，“清”扮演着对文化审美自觉追求的角色，象征着审美意识的最高阶段。这种审美意识深刻地影响着个体及整个民族的审美观和偏好。在中国传统文化的背景下，对“清”的审美渴望永不止步。在中国传统美学中，“清”乃是一个核心概念，如同灼烁的明珠，老子《道德经》第三十九章提出：“昔之得一者——天得一以清，地得一以宁，神得一以灵，谷得一以盈，万物得一以生，侯王得一以为天下正。其致之也，天无以清，将恐裂；地无以宁，将恐废；神无以灵，将恐歇；谷无以盈，将恐竭；万物无以生，将恐灭；侯王无以正，将恐蹶。”[③] 天之所以“清”，在于它的“得一”，“得一”即是得到了“道”，“清”和“宁”便是得“道”的结果。《庄子·外篇·天地第十二》曰：“夫道，渊乎其居也，谬乎其清也。”《庄子·外篇·刻意第十五》曰：“水之性，不杂则清，莫动则平；

① 老子．道德经[M]．安伦，译．上海：上海交通大学出版社，2021．

② 庄周．庄子[M]．乙力，注释．西安：三秦出版社，2008．

③ 老子．道德经[M]．安伦，译．上海：上海交通大学出版社，2021．

郁闭而不流，亦不能清；天德之象也。”[1] 由这段描述可见，道家美学的初期阶段以水的清澈和深邃来象征“道”的自然属性。这种“清”所代表的性质，实际上反映了道家美学对大道之美的追求。在道家美学中，有时会用“太清”来指代“天道”和“自然”，“太清”代表了天道的最完美状态，“清”代表着天对“道”的某种展示，它呈现出一种最初、最真实的状态，表现出自然的特质。道家美学的理论认为，“清”是最高尚的心灵状态，人类的最终追求应当是达到这种“清”的层次。

二、道家美学的室内环境设计

（一）道家美学在室内环境设计中的美学特性

1. 守“常”

在道家美学的时空观念中，显现出一种根本趋势，将“变化”视为宇宙中无法回避的现象。这种变化并不是为了带来混乱，而是遵循着特定的原则，即道家美学所谓的“恒常”。“恒常”这一理念在道家美学中占据着核心地位。中国传统的室内空间，在某个阶段之后停止了进一步的演化，其设计偏向采用整齐、简约的矩形空间形式。唯有当整体设计以院落和轴线布局为主时，才可能呈现其他的形式，即便如此，这些形式也不会背离常态。与整洁、简约的标准形式相比，自由流动的空间设计极为罕见（图 4-2-1）。

图 4-2-1　西溪健康体验馆

2. 崇“无”

道家美学将“道”视为自然界万物的根本。尽管“道”无形无象，但它实质深远且确实存在着。道家哲学的核心特点是“无”，将“无”视为宇宙的初始状态，

① 庄周．庄子[M]．乙力，注释．西安：三秦出版社，2008.

而“有”则是一切事物的根源。正如《道德经》所言：“天下万物生于‘有’，‘有’生于‘无’。”① 这里，“有”代表宇宙初始的原始物质，而“无”则代表“道”的本质。在许多情况下，精神和思想都体现出“无”的深刻内涵，但也有一些观点认为，物质本质上也是“无”的。因此，“有”存在的意义在于借助“无”的功能来获益：“故有之以为利，无之以为用。”② 这意味着“有”的存在受益于“无”的作用。“有”与“无”相互依存，而“无”更能揭示事物的真正本质。后来的设计美学强调“虚无”的情境，正是受到了道家美学关于“有无”的思想影响。

3. 贵“静”

“致虚极，守静笃。万物并作，吾以观复。夫物芸芸，各归其根。归根曰静，是谓‘复命’。”③ 根据道家美学观点，自然的核心在于宁静和无为。通过尊重自然，将万物置于宁静之中，可以促使它们茁壮成长。当众生回归到它们的根本源头时，这才是真正的宁静，而宁静即生命的回归，这揭示了道家美学所倡导的宁静之道。

这种“宁静”的理念在建筑的外部和内部都有体现。例如，在中国古代的村落街道设计中，居民通常会选择那些较为宁静、人流较少的小巷作为他们的住宅入口。这不仅有助于更好地规划自家门前的领域，还能够将宁静的氛围融入自己的居住空间布局中，使其成为住所的一部分（图 4–2–2）。

图 4–2–2　空间环境中的静谧设计

① 老子．道德经 [M]. 安伦，译．上海：上海交通大学出版社，2021.

② 老子．道德经 [M]. 安伦，译．上海：上海交通大学出版社，2021.

③ 老子．道德经 [M]. 安伦，译．上海：上海交通大学出版社，2021.

4. 尚“反”

“反者，道之动；弱者，道之用。天下万物生于有，有生于无”。[①]从道家美学的角度来看，事物的发展遵循着反守静的规律，表现为不断往复的情感体验。建筑空间尚“反”的表现方式则表现出有序而强烈的规律，充满了曲线、回旋和重复的元素，就像那句诗所描述的：“山重水复疑无路，柳暗花明又一村。”

这种明与暗、开与合的空间变化交替不断，彼此相互渗透与相互转化，体现了古代思想中的“一阴一阳之谓道”[②]的概念。但需要强调的是，这种规律并不是简单地重复，而是展现出丰富的内涵。例如，天井的空间相对于街道较为狭窄，但与室内相比则呈现出更宽敞与更具变通性，这与《易经》中的“一阖一辟谓之变，往来不穷谓之通”[③]的理念相呼应。

这种空间变化的特点，交替与反复的性质，不仅在古代中国皇宫和江南园林建筑中频繁出现，而且在现代环境艺术设计中也得到了充分体现。

5. 虚实互相滋养

道家的美学观点强调宇宙万物持续不断地经历着变化和演化，这一现象源于阴阳的融合和虚实的互相滋养。“三十辐共一毂，当其无，有车之用。埏植以为器，当其无，有器之用。凿户牖以为室，当其无，有室之用。故有之以为利，无之以为用”。[④]此观点清晰地阐释了空间环境中实体与虚空、形象与功用之间的辩证统一关系。从道家角度来看，宇宙中存在着对立的“有”与“无”。它们并非孤立存在，而是相互关联，形成了“有无相生”的纽带，同时也反映了“有”来源于“无”的关联。

虚实结合美学理论，指出艺术形象必须巧妙地融合虚实、有无的互动，才能真实地表现出自然生命的本质。在室内环境艺术设计中，“有”与“无”、“实”与“虚”紧密相互依存，缺一不可。若空间缺乏实体构成，将不再具备空间的本质；而若缺乏“虚空”，则其功能将受到限制，失去存在的意义。

（二）道家美学在室内环境设计中的启示

道家美学思维悠久而内涵深厚，与木结构建筑体系同步，伴随中国传统室内环境设计走过了漫长的岁月。这种设计凭借其独特的美学和文化特性显得与众不

① 老子．道德经[M]. 安伦，译．上海：上海交通大学出版社，2021.

② 中华文化讲堂校注．周易全本全注全译[M]. 北京：团结出版社，2021.

③ 中华文化讲堂校注．周易全本全注全译[M]. 北京：团结出版社，2021.

④ 老子．道德经[M]. 安伦，译．上海：上海交通大学出版社，2021.

同。通过考察其历经千年的艺术和审美表现，结合现代的生活环境与习惯进行分析，可以发现道家美学对室内设计的影响。

1. 动静结合

从道家的角度来看，宇宙乃是由阴和阳、虚与实这两者共同构成的。宇宙中的自然万象都在不断变化与演化之中，呈现出生与死、虚与实的现象。中国传统建筑环境特别注重将空间的“虚”与“实”相互融合，同时，传统建筑的木结构则为内部空间带来了最大程度的灵活性。当不同建筑群体联合在一起时，创造出了兼具动感与宁静、隐晦又多变的空间形态。中国传统室内布局的独特之处，在于采用了“计白当黑”的思维方式，通过巧妙的内部空间组合，在空间布局、立面造型及家具摆放等方面呈现出精湛的艺术效果（图 4–2–3）。

图 4–2–3　穿越时空的奥普斯大楼

2. 灵活自由

删繁就简是一种简单的生活方式，现代灵活自由的设计方式逐步被人们接受和认可。中国传统建筑中的木结构特点在于房体主要采用木材构筑立柱与横梁，形成一套梁架结构。每套梁架包括两根立柱和至少两层横梁。不仅各空间可以独立存在，还可以互相连通，使得空间的利用变得高效而便捷。此外，门窗的位置设计也相当灵活。门窗充当着室内与室外环境之间的桥梁，它们在建筑内外环境相互影响的过程中，展现出空间的深度和光线的交替等美学特征。传统室内环境的设计，不论是在空间布局还是装饰品摆放方面，都呈现出一种精妙的优雅。

现代设计师重新审视与运用古典室内设计手法时，一方面需要减少传统装饰和摆设的复杂性；另一方面，根据古代纹样，进行精简和再创作，设计出更新颖的装饰要素。或者对一些装饰纹样和图案进行拆解和重新组合，打破原有的结构模式，并挑选出最具代表性的元素来重新组合。然而，在这个创作过程中，应当坚守简约的原则，而不是随意组合或简单堆砌。新的要素必须兼具现代感和民族特色，才能真正体现出中国传统美学与现代室内设计的融合。在古典室内设计中，许多复杂的线条已经被简化，设计师通常使用基本元素如点、线、面、体等来组合家具，展现出设计的简洁和灵活性。简洁、灵活和自由的设计已经逐渐被认为是追求内心宁静的一种表达方式，这种设计方式体现了道家美学的返璞归真和灵动之美。

3. 富有层次

在传统室内环境设计中，除了固定的隔间和隔扇，还引入了可调整的屏风、部分遮挡的罩和博古架等元素，这些与家居融为一体，有助于提升室内环境的层次和深度。这些元素的存在有助于划分多功能区域，使得大厅可以进行灵活布局，容易进行变化，并方便根据实际需求来布置家具。同时，江南园林中的空亭、敞厅、轩榭和廊窗，可以巧妙地将园林内的诗画情趣和山石风光引入室内，扩展了室内的空间感。此外，人与环境的互动使得园景在移步换景中不断变幻（图4-2-4）。

图 4-2-4　樱之盛宴日本料理餐厅

4. 意趣生动

在《闲情偶寄》中，清代文人李渔提出了对家居陈设的独特见解，强调了“忌排偶”与“贵活变”的重要性。李渔的观点强调，室内陈设应该具备可调整性，除考虑建筑本身的结构稳定性之外，还需注重创造一种宽广而灵活的视野。他认为，视野与心态之间存在密切的关联，为了保持积极的心态，家居设计中的首要任务是确保视野的开阔。

古代人们常常提到“移天缩地”，这一概念旨在以精致的方式，借助盆栽和插花等手法，将自然界的植物和山水景致引入室内陈设中，模拟大自然的美丽风光，并通过赋予它们拟人化的情感，从而达到一种超然的审美境界。这样的环境不仅能够反映出居住者的情感和兴趣，还能够为室内空间注入生机和活力。

此外，当书画、挂屏、文物和器具等装饰品与家居及其他装饰元素相结合时，会以其鲜明的色彩和优雅的造型，呈现出独特的装饰效果。这些物品赋予原本单调的室内空间趣味性，增添了活力，丰富了居住环境。

5. 文化传承

美学文化作为一种灵感之源，为国家文化注入了精神活力。如果一个国家缺少独具特色的美学文化，等同于失去了灵魂。因此，确保我们民族传统文化代代相传显得尤为重要。在当今室内环境设计领域，无论是前沿科技与新兴设计方法、材料以及多样化的设计风格，都强调了坚守设计原则的重要性。将道家美学嵌入传统室内设计中，深入挖掘并传承其在现代室内设计中的价值，有着重要的意义。我们既不应完全舍弃民族文化，也不应简单地模仿其他文化。所以，传承民族传统美学文化的方式至关重要，也是现代室内设计艺术继续繁荣的关键所在。设计师在创作过程中，应结合各种文化元素和审美需求，以设计师独特的审美观点，赋予现代室内设计多样的风格和审美体验。这一点与道家美学强调的人性核心和人性化设计密切相关。道家美学倡导的灵活和自由，正满足了现代人对审美的期望，体现了对个性的追求，反对以固定规则来限制创新。因此，在实际的现代室内设计中，无论是在空间规划、布局，还是在家具布置方面，都应追求灵活和舒适。

6. 加强环保

传统的室内环境设计注重与大自然融为一体，与如今强调低碳、环保和自然美的环保设计理念不谋而合，这体现了道家美学的观点。传统美学中的自然保护观点一直延续到室内环境设计领域，随着人们对生态问题的重视程度不断提高，社会对大自然之美的向往越发浓烈：设计师可以在设计过程中积极地融入绿植、盆景等自然元素，在受限的空间内，将自然景色巧妙地融入其中；持续采用无污染和纯天然的材质，以追求心灵的和谐。然而，对这些天然材料的使用必须谨慎。为了保护自然，不断研发替代能源和可循环使用的新材料至关重要。只有合理地利用自然资源进行环境艺术设计，才能真正体现道家美学的道法自然、天人合一的哲学理念。

（三）道家美学在室内环境艺术设计中的运用

1. 理念的确立

在室内环境艺术设计领域，生态环保议题具有极其重要的地位。在历史上，设计曾经给环境造成了一定的污染，在积极采取环保措施的前提下，现今室内环境艺术设计更加注重对生态环保的考量。在构建空间环境时，绿色植物被视为空气净化的媒介，其作用越发明显。这些植物不仅能够吸收二氧化碳、净化空气，创造出良好的室内环境，同时还具备了美学价值。因此，巧妙地利用植物，将绿意与庭院设计融入室内，已经成为现代室内环境艺术设计的关键策略。

将大自然的美景融入室内环境，不仅满足了视觉上的审美需求，同时也满足了人们在生理和心理层面的需求。室内环境艺术设计中的自然景观要素常常将有限的美景融入无边的空间，以小见大，为人们提供了清新和宁静的感受。考虑到现代人大多数时间都是在室内度过的，封闭和单调的空间使人们难以感受到大自然的新鲜和宁静。然而，多样化的室内绿意改变了人们与自然的疏离感，对居住者的心理健康起到了积极的作用。

2. 色彩的把握

在室内环境艺术设计的各要素中，色彩的装饰作用非常显著。色彩不仅能够营造鲜明而强烈的氛围，还能展示出江南园林一般的朴实和淡然的风采。正如《道德经》“知其白，守其黑，为天下式”[①]所言，道家美学崇尚这种色彩哲学。在这一视角下，黑色被看作所有颜色之上的颜色，是众多色彩中的翘楚，代表着“道”。

需要强调的是，这里所指的黑色并不是完全纯粹的黑，而是红色和黑色之间的中间色调。对于黑色的尊崇源于道家对内在、真实和超脱美的追求，这种美是远离功利的，与艺术创作中的审美原则相一致。在生命世界出现之前，最原始的颜色就是黑色，它展现出一种无可匹敌的简朴之美。

黑色呈现出的事物本质，即“真”。在道家美学中，黑色被视为一种神秘的尊贵色彩，从哲学的“无中生有”角度来看，黑色仿佛化简至色彩结构的本源，代表着色彩的本质和其内在精神状态。道家美学中的“黑”和“白”可以被看作一种象征性手法，展现了对简约和高雅美感的追求。在现代室内环境艺术设计领域，它们通常被诠释为无色调系列，因此，道家对于黑色的审美理念在艺术和设计美学中得到了广泛的应用。

在现代室内环境艺术设计领域，道家传统的色彩组合仍然具有实际应用的价值。专业设计师可以考虑用无色调作为主导色系，以突出空间的深度和层次感。然而，无论是传统室内设计实践还是现代方法都提醒我们，在运用色彩时要适度，避免过分使用，导致整个空间显得沉闷。通过巧妙地运用无色调系列，可以使人们在现代生活中感受到传统的魅力，为日常生活带来一份独特的氛围。

---

① 老子．道德经[M]．安伦，译．上海：上海交通大学出版社，2017.

3. 柔水的运用

水所呈现的特性是柔软的，但又像“抽刀断水水更流”一样坚韧不拔，像水滴石穿一样持之以恒。道家美学以“上善若水”来描述他们所推崇的生活原则，这也同时反映了他们所追求的境界。显然，道家哲学非常重视水这个元素。“天下莫柔弱于水，而攻坚强者莫之能胜，以其无以易之。”[①] 从道家美学的观点来看，水在众多物质之中表现出了最为卓越的灵活性和弹性，“水能载舟亦能覆舟”[②] 正是这一思想的具体表现。只有深刻理解水的本质，方能达到道家美学所提倡的至高境界。水也可以流淌于细微的室内环境中，源源不绝。在现代室内环境艺术设计中，追求道家美学意境，可以将水元素纳入进来。在当代室内设计领域，精妙地融合水的元素，不仅展现出现代潮流风格，而且能够传递出道家美学中的宁静和优雅之美。

4. 材料的选择

道家美学强调尊崇“道”，因其自然与日常性质而显尊贵，它还强调自然之美在于“真”。在古代室内环境中，人们将自然元素如流水、巨石、花卉和植物融入室内装饰和布局中，与自然和谐共处。这不仅使室内环境变得朴实和纯净，还展示了自然的特色，彰显了与众不同和清新的品位。这种回归自然的设计理念体现了真正的“大美”。而在现代室内环境艺术设计中，材料选择和家具布局至关重要。各种材质都具有其独特的艺术魅力：木材传递出温暖朴实的感觉，石材带来坚实有力的触感，塑料展现出光滑精致的优雅，而玻璃则给人带来通透空灵的观感。现代科技的飞速发展为材料的研发和设计提供了广阔的空间，各种材料代表着各自的时代特色。在现代室内环境艺术设计中，设计师可以根据材料的特性演绎多种室内风格，并运用各种加工技巧来呼应古代设计哲学。

5. 家具的布置

中国的家具发展历史悠久，家具在古代室内环境艺术设计中扮演着重要角色。在现代环境艺术室内设计领域，家具已经逐渐演化为室内装饰的核心元素，不同材质的家具赋予人们独特的视觉和触觉体验。在注重实用性的同时，采用自然的竹材或藤编作为主要原料制作的家具变得非常受欢迎。竹藤家具能够完美融合大自然的宁静氛围与现代都市的特质，形成一种全新的潮流，这要归功于其精致的外观和独特的纹理。此外，国内拥有丰富的竹林资源，竹木生长周期短，还能提供出色的保温效果。经过精细的加工，竹藤家具呈现出舒适、透气、柔软、清凉、

---

① 老子．道德经[M]．安伦，译．上海：上海交通大学出版社，2021.

② 荀子．荀子[M]．中华文化讲堂，注译．北京：团结出版社，2017.

自然的特质，同时兼顾人体工程学的要求。另外，竹藤家具的设计风格简约而高雅，展现出艺术的美感。它天然朴实的自然美，能够让人感受到古典的韵味。在现代室内环境艺术设计中，它有助于营造出一种休闲、宁静、令人心旷神怡的氛围，与道家美学强调的崇尚自然、回归本真、宇宙和谐的哲学理念完美契合，同时也具备极高的艺术价值。

三、道家美学的景观园林设计

（一）景观园林设计中的“无为”

明代园林家计成所著的《园冶》是古代最全面且最早的造园文献之一，它从美学文化和园艺艺术的角度总结了历代园艺实践的经验。《园冶》一书深入研究了园艺原则、技巧和方法，包括如何兴建园林、园林设计的理论探讨、地理选择、基础建设、建筑物、装饰、入口、界墙、地面铺设、山体塑造、石材选用及景观借鉴等方面。其中倡导的美学理念强调虽然是人工创作，却恍若天然生成，实际上蕴含了道家美学思想。道家美学强调注重自然，减少人为干预，这一观点也反映在景观园林设计的核心理念“无为”中。景观园林的确是人工创造的产物，否则世上就不会有这种建筑文化。但从某种程度上说，它并不完全是“无为”的。景观园林的主要美学寓意为退隐休憩、淡泊中和，主张出世，其美学思想为“道”；宫殿、坛庙建筑的主要美学寓意为功名进求、积极进取，主张入世，其美学思想为“儒”。二者美学意境的对比是很明显的。因此，在中国古代，尽管景观园林设计是由人创造的，但其深刻的美学理念却承载了道家哲学中的“无为”思想。

（二）景观园林设计中的道法自然

道家美学理念的核心在于“道法自然”，作为阴柔之美和含蓄之美的理论根基。这一观念涵盖的广泛的宇宙现象，包括审美观点，都立足于自然之本。受“道法自然”的美学观点和审美原则影响，景观园林设计的追求在于全面展示人与自然的情感纽带，从而呈现出人们在感受自然之美时超越尘世的内心境界。审美被视为主客合一、情感与智慧相融的成果，这种审美方式与宇宙自然相契合。道法自然的设计美学确立了自然与思想的联结，同时揭示了宇宙的基本法则，赋予了人类对自然的崇敬之情。人类的行为应顺应“道”所引领的天然秩序，这一核心观念在道家美学中占有重要地位，对中国的景观园林设计产生了深刻影响。

景观园林设计牵涉到具体实物，其特性反映了人类思维。在设计师的技艺和理解深度的引导下，这些实物将展示出它们固有的自然之美。尽管景观园林的元素，如叠山、石径、理水和植被，皆取材于自然界，但它们也能呈现出人类加工的痕迹。在“道法自然”的美学理念的指引下，人工构筑物，如建筑小品等，也能出色地表现出自然的韵味。

景观园林设计包括山、石、水、植被和建筑等元素（图 4–2–5），其中流水、游鱼、花卉、树木在园林中扮演着关键的角色。有观点认为，景观园林的表现不仅仅受元素数量的影响，更在于这些元素之间的相互联系以及它们在特定环境中的呈现方式。设计师通过深刻理解自然与人工环境，并结合人类思维方式，有序地组织这些景观元素，以展现景观园林设计的功能、创意构思和高度精准的设计技艺，达到“道法自然”的境界。古典景观园林不仅满足实际需求，还体现对自然意境的追求。这种自然的不断变化与宇宙中万物的互补，正是道家美学的核心理念。

图 4–2–5　长沙湘江一号景观

（三）景观园林设计中的曲径通幽

中国传统和现代的园林艺术形式均体现了事物的曲线美学，这一特点反映了道家思想中“曲径通幽”的深刻美学基础。道家哲学强调“道”的本质具有柔和之特质，而柔和往往伴随着曲线特性。这一古代园林设计中的“曲线”元素，实际上呈现了道家哲学中的“阴柔”和“贵柔守雌”的美学观念。古人云：“方者执而多忤，圆者顺而有情。”[①] 方必直，圆必曲，“方圆相胜”才成和谐。方圆也可以简单理解为曲直，曲为自然之态，直常为人工创造，“无性则伪之无所加，无伪则性不能自美”。[②] 若缺少自身固有的本质特质，人工创造之美将无法得以展现；

① 管辂．管氏地理指蒙 [M]．一苇，校点．济南：齐鲁书社，2015.

② 荀子．荀子 [M]．中华文化讲堂，注译．北京：团结出版社，2017.

若不经过人工加工，自然本性亦难以达到无缺之境。因此，“方圆相辅”可以理解为曲直相互协调，儒道相互促进。

在园林设计艺术领域，曲线之美通常占据主导地位。不论是在园内的构造，还是在山脉、小径、植被方面，都呈现出曲线之美。柔美、流畅和充满丰富变化的曲线，赋予了苏州园林的桥梁、长廊、墙壁，甚至是水岸、建筑结构、花园等一种独特的曲线之美。为了体现和仿效大自然的魅力，设计的道路也呈现出自然的曲线形态。曲线能够在有限的园林空间内最大限度地延展视野，使得园林的道路和走廊处处透露出美感。在中国景观园林中，大多数设计线条都遵循了自然的弯曲，如山川的起伏、河流的蜿蜒、小径的迂回、植被的高低错落和林冠的自然曲线等，甚至包括人工建筑如亭榭，其屋顶也设计成流畅的曲线形状（图4–2–6）。

图 4–2–6　苏州独墅湖低密度生态别墅景观设计

第三节　禅宗思想中的美术设计理念

一、禅宗美学的思想体现

（一）禅宗美学思想

禅宗美学观点源自佛教禅宗的滋养，其核心理念在于追求生命的自由。美学研究的起点是基于实际情境的审美感受，专注于艺术和设计的审美特质，涵盖美、丑、崇高等审美范畴以及审美意识、审美体验，同时还包括对美的生成、演变和内在法则的探究。

如果将儒家和道家美学视为中国美学的根源，那么禅宗美学的出现便标志着中国传统美学的逐渐完善，这个变革与禅宗美学引入的新审美哲学密切相关。禅宗美学呈现出审美活动的普遍性和广泛性，推动了中国传统审美理论向更广大的群众和更全面的方向发展。在这个过程中，禅宗美学的观点中似乎融合了儒家和道家美学的元素。其相关的艺术设计常常展现出超越尘世、宁静愉悦的特点。禅宗美学在某些方面继承了这些特点，但又将自然主义推向了更深入人心的层面，即空性与心性。从某种程度上说，禅宗美学的审美体验仍然与自然主义有关。这一美学为中国的审美体验引入了新的元素，赋予其更深层的精神内涵，为人们带来了极致的审美愉悦感。禅宗美学更多地体现了超越物质世界的精神追求，以及对尘世深刻洞察的感悟，它展示了对非凡事物的好奇心，体现出对人性和佛性的更高层次的认识。

禅宗是中国佛教的一支，其独特之处在于寻求心灵之自由。虽然禅宗未专门探讨审美，尤其是艺术审美，亦未有禅僧撰写有关禅宗美学的专著。但禅宗在解释其对存在、人生及方法论的观点时，却表现出丰富的审美内涵，展示出美学的智慧。在漫长的历史进程中，禅宗美学观点深入人心，特别是对文人士大夫的艺术创作和大众的审美体验产生了深远的影响。有学者曾提到，佛教虽未主动构建任何美学，也鲜少直接涉及美学议题，但在阐述其宇宙观、本质观、认知观及方法论时，却不自觉地流露出丰富的审美内涵，孕育出众多杰出的美学思想。

（二）禅宗美学思想特征

审美的本质可以被解释为，供给众多人以感性且能提高人类本性的高级精神享受。中国传统美学呈现出两个显著特点，首先，中国传统美学强调人类的尊严，包括儒家和道家这两大思想体系。其中，人类的特性主要包含道德特质和审美特质。儒家更注重道德特质，其审美体验旨在支持道德理念。与此相比，道家更关注对审美特质的塑造。禅宗对于审美本质的看法实际上也集中在人类特性上，其所提及的“悟”“定”“慧”“清净”“解脱”及“自由”，都涉及对人类特性的磨砺，但其视角是对虚无的诠释。其次，中国传统美学是自然主义的代表。道家的《齐物论》和《逍遥游》是明证，儒家也对仁者乐山，智者乐水的自然之道抱有浓厚兴趣。尽管禅宗将世俗与自然视为虚无，但其瞬间觉醒的理论大部分与自然密切相关，由此诞生了禅宗美学及其特定的美学境界。禅宗美学在某种程度上继承了儒家和道家的观点，但对自然进行了虚拟和心灵化的诠释，这导致其审美特征发生了根本性的变革，创造了全新的美学境界。禅宗美学对传统的审美经验进行了重构，使之更具心灵化特点，这是其核心贡献。

禅宗美学强调生命审美观的重要性，极度注重生命的自由本质，追求透过内在觉醒来达到生命的独立和解放。禅宗美学认为每个人都天然地拥有佛性，因此，内在的心性被看作人的灵魂，同时也是生命美的终极体现。正如皮朝纲所论述的那样，禅宗美学具有其独特之处，它不仅不同于传统的美学观念，也不同于典型的艺术哲学，而是对人类存在的意义及审美生活的哲学深思。它涉及对生命价值和存在意义富有诗意的探讨，从本质上讲，它是一种关于寻求生命自由的哲学审美。

禅宗美学倡导内心的自由和随意生活，对生命的自由诗意进行深刻思考，与艺术创作有着内在的联系，因为在根本上，艺术创作也是内心自由的一种展现。禅宗美学的理念根植于内心，追求主体与客体的完美融合，强调空灵、和谐，追求一个没有矛盾、没有差异、绝对自由的理想状态。

禅宗美学展示了内心觉醒的重要性，其核心理念为“心性”，禅宗与心学在本质上相通，因此被称为“心宗”。中峰明本在元代明确表示，“禅”即“内心的表述”。因此，若缺乏内心觉醒，禅宗美学和整个禅宗都无法持续存在。禅宗美学的觉醒有逐渐深化和突然觉醒两种方式，逐渐深化为突然觉醒提供了基础，而突然觉醒则是逐渐深化的终点。讨论突然觉醒时，不可忽略逐渐深化。反之，讨论逐渐深化时，不提及突然觉醒，觉悟将无法实现。觉醒的美学价值在于传播个体心性并颂扬其自我发现的能力。禅宗美学强调深入研究个体心性，主张“众生皆有佛性”。内心觉醒对于艺术创作和灵感获取具有积极影响。环境艺术设计的灵感获取本质上也是一种觉醒，它在突然之中涌现，但也需要在逐渐深化中积累和探索。在艺术欣赏中，审美体验的获得依赖于主体与客体的融合，这也是通过觉醒实现的。内心觉醒对于中国传统艺术的发展产生了积极的影响，在禅宗美学之前，艺术创作和审美主要侧重于物与人之间，通过人与自然的“心物感应”来体现人与自然的和谐融合，追求自由自在。然而，禅宗美学对突然觉醒和内心明确的强调，使中国传统美学理论更加注重自我反思，使中国的审美标准更强调内在而不是外在形式。

尽管在深远而广博的禅宗哲学框架内，对于环境艺术设计美学的论述比较稀缺，且鲜有直接涉及美的探讨，然而禅宗在其精神核心中却为环境艺术设计审美意境的孕育提供了有力基础。禅宗所呈现的论述，无论是关于存在、生命、认知等方面，均表现出独特的美学观念。禅宗美学可以被视为在禅宗思想的基础之上孕育出的智慧型美学，若我们将审美的本质视为提供感性的体验的高尚精神享受，那么禅宗美学所呈现的，实际上是人生的极致意义，禅宗美学是一种朴素而纯粹的审美方式，更是一种超越尘世的审美境界，它所展示的是最崇高层面的“大美”。

1. 禅宗美学的创新性

禅宗，作为经历过中国化演进的佛教教派，在中国扎根后，禅宗发展受到中国禅宗大师的深刻影响，并融合了当时社会与文化背景，展开了自身独特的创新与发展。禅宗美学的革新主要表现在以下几点。

（1）思想融合

禅宗巧妙地融合了印度佛教的智慧与中国儒、道的思想传承，成为了一种独具特色的中式佛教派别。除继承了印度佛教的哲学思维外，禅宗还汲取了中国传统文化的精髓，展现出明显的本土特色。

禅宗不仅承袭了道家的美学理念，如“道”“无”“自然”“无为”及“无不为”，其思维方式也与道家有相似之处，都明确地超越了对立和矛盾的二元观念。禅宗的美学观念不仅仅是一套丰富多彩、超越现实的审美方法，同时也反驳了道家主张的远离尘世的理念，它主张通过在现实生活中的感知，来达到心灵和观念的超越。

这种美学观念在传承和发展道家、儒家美学的基础上，对设计领域产生了深远的影响。自唐代末期以来，它的影响甚至超越了道家和儒家。

（2）平等观

根据古老的大乘佛教教义，比丘和比丘尼渴望实现佛果，必须经历阿罗汉、菩萨、佛这三个不同的境界。然而，在小乘佛教中，比丘和比丘尼仅能达到阿罗汉的层次。然而，禅宗的哲学思考呈现出一种新颖且平等的观点，其主张人与佛之间不存在等级差别，坚信每个人都蕴藏佛性，只需“悟悟”即可成佛。这一观点对传统佛教的崇拜体系提出了挑战，表现了禅宗美学对个体生命的重视。

（3）开悟形式

禅宗的“不立文字”理念与原始佛教的辩证法有明显不同之处。在解释教义或协助人们觉悟时，禅宗不受文字的束缚。正如冯友兰所强调的，一旦规范在精神文化领域变成了教条，它就会失去生气，变得僵化不变，这种僵化必定会被冲破。正因为这种“冲破”，禅宗的觉悟方式呈现多样性，充满生机，这也是禅宗在中国崭露头角，成为佛教主要派别的原因之一。

2. 禅宗美学的体验性

禅宗美学强调，获取佛性真如的途径不在于推理或分析，而是依赖直观体验，以实现解脱。这意味着，只有通过直观实际体验和实践，方能真正达到解脱的境界。这种直观的体验方式与西方审美的文字概念、推理方式有所不同。禅宗美学认为，要掌握最深奥的佛理，必须通过超越语言和理智的“悟”来实现。因此，在禅宗思想中，心灵之间的默契和默契的沟通占有特殊的地位。禅宗美学通常避免明确的解释，而多是提供示意，使人自行感受体会其中的内涵，不倾向于烦琐的陈述，也不进行系统的整合，一直关注于实际和可直接体验的事物。这也意味着，禅宗美学与传统佛教的外部崇拜不同，而是鼓励人们向内心深处进行探索。

禅宗美学在关注现实生活方面表现出对直观体验的高度重视。自禅宗的奠基者达摩至六祖慧能，其修行方式经历了显著的演进。从原本偏向淡化世俗和苦行修炼的方式，逐渐转向了将禅修融入日常生活的方方面面，包括坐、卧、住、行、送水、搬柴等日常活动。这意味着禅宗的焦点已从寻求超越世俗的解脱，演变为在日常生活中寻求真理和解脱的道路。

《六祖坛经》云：“佛法在世间，不离世间觉。离世觅菩提，恰如求兔角。”[①]通过对内心本质的领悟，禅宗美学跨越了印度佛教与中国文化之间的隔阂。因此，禅宗美学呈现出一种富有世俗色彩的宗教思想，与道家或其他宗教不同，它更加强调在尘世感知中追求精神的理想升华。

在审美活动中，直观感知所带来的独特价值无法替代。美的感知通常通过直观的形象呈现，这种感知使人们能够亲身面对事物的本质，不受概念和经验的制约，这种深刻的审美感知有助于审美主体获得更深层次的满足。

3. 禅宗美学的朴素护生性

在日常生活中，当人类最初降临到这个世界时，以最纯粹的心境来感受大自然，所见之水依然只是水，群山依然屹立不倒，所有事物都呈现出极为真切的面貌。然而，随着知识的积累，我们的主观意识开始扩展，对待自然的态度也产生了变化，我们开始将自然界的事物划分为是非、对错、有害或有益，并用我们已经建立的知识体系来评估自然。这导致事物的真实本质逐渐被我们固有的思维认知掩盖，水和山失去了原有的本质特征。然而，后来受到禅宗思想的启发，一些人能够放下理性思考，回归到最初的生命状态。为了追求天人合一的状态，我们需要摆脱外界的干扰，重新找回生命的真实本质。在中国传统美学史上，禅宗美学展现出独特的审美理念。禅宗美学所倡导的朴素和真实，并非人为追求，而是

① 惠能．六祖坛经[M]．邓文宽，校注．沈阳：辽宁教育出版社，2005.

顺应自然，代表着经过岁月洗礼的内在精髓和外在的古朴高雅之美。这种美不仅能够吸引观者的目光，更能使他们深陷其中，享受永恒的美学体验，感受内心的满足。

4. 禅宗美学的平等互利性

禅宗美学，作为中国传统美学的核心之一，强调了一种平等的观念。这一观点认为，不论是自然界的山河、植被、野兽，还是人类社会，都是地位平等的，同属于众生平等的范畴。因此，在审视建筑与其周围环境的关系时，应该对它们都给予同等的尊重，而不是单纯地考虑它们的功利得失。

禅宗美学的核心审美思想在于否定建筑与环境之间的对立，而追求二者之间的和谐与平衡。在这个平等的观念下，禅宗美学的建筑往往倾向于融入周边的山水之中，而不是试图夺人眼球。尽管这种众生平等的观点与中国传统儒家礼制思想存在内在的冲突，但作为佛教引入中国的新理念，它塑造了禅宗美学的独特文化。社会对这一理念的实际应用给出了广泛的认可，禅宗美学理念深受人们喜爱。

"平等"一词原本指的是没有差异，如今则指代社会中所有人享有相同的地位，并在经济、文化、政治等领域拥有相同的权利和义务。从"没有差异"到"平等的权利"的演变表明，禅宗美学的众生平等观点基于一切事物的本质相同，从而推导出人与事物之间的权利平等观。

5. 禅宗美学的亲近自然性

从人类角度看，除了人类以外的一切都被视作自然界的一部分。然而，人类也是自然界的一部分，与其他自然元素同等重要。人的本性可以被表述为：作为自然的一部分，人与众生都拥有相同的本性。实际上，人类与自然之间的互动关系已经在过去的千年中被历代哲学家深入探讨，并以多种方式被后代诠释。这种和谐共生的人与自然的关系常常在诗歌和绘画中得到表现，如苏轼在《赤壁赋》中所述："况吾与子渔樵于江诸之上，侣鱼虾而友麋鹿，驾一叶之扁舟，举匏樽以相属。"这一描写反映了人类与自然的融合，同时也呈现出禅宗美学的精神意境。禅宗美学强调与自然的和谐相处，认为人类是自然的产物，应该尊重自然，这成为其核心美学理念。禅宗美学的自然观还超越了自然的实际界限，将自然视为一种心灵上的抽象存在。这种观念为人类提供了一种细致、超越尘世、空灵的精神享受，重新定义了人类的审美体验，使之更具精神性。

6. 禅宗美学的空灵性

"空"性是禅宗美学中的一大特点，对艺术技巧产生深远影响。这体现在中国国画中呈现出的自由、畅通无阻、自然空灵的美学特质上。在当代环境艺术与设计领域，要求环境艺术设计不仅满足功能性需求，还需满足人们的精神追求。“空”的概念在塑造环境艺术与设计的氛围方面具有一定的指导作用。

这里的“空”并不是指缺乏实质，而是超越了“有”与“无”的对立。在禅宗美学中，“空”性是一个至关重要的概念，正如六祖慧能所说：“本来无一物，何处惹尘埃。”[①]“空”包容“尘埃”，而其本质在于“真空假有”的理念。

空灵之美，是“静”与“动”的和谐统一。空灵体现为对自然和生命的诗意表达，它呈现出独特的意境。如果将空灵解读为“灵魂的空间”，其三维性、纯净性、无边界性恰恰是道家美学所追求的“无极之境”。在如此广阔、高远和深沉的环境中，那些展现纯洁的自然意识和生命情感的作品才可被称为空灵和至美的。禅宗美学倡导寂静空灵的审美观念，部分源于佛教的“大乘空宗”和“般若性空”的哲学，同时又与道家美学相融合，其起源具有深厚的审美含义。对于禅宗美学而言，追求空灵意境和亲近自然之美构成了其核心审美特色。在美学领域，这种空灵美学被融入艺术创作，便构建了独特的审美标准，并在环境艺术设计中体现为空灵的审美意境。对禅宗美学的解读显示，寂静空灵之美既代表艺术的风格和形象深远、空灵与飘逸的特性，同时又代表其充满灵气、灵性并且表现得精致细腻。通常，禅宗美学的羡空灵、倡顿悟、尚玄远的美学观点与道家的虚无、淡远、自然的美学观点是相辅相成、相得益彰的。禅宗美学提升了中国艺术创作和设计审美的包容性，既增加了艺术的深度，又扩展了环境艺术设计的视野。

7. 禅宗美学的宁静性

禅宗美学以“静”为核心概念，用以诠释一种淡泊宁静的生活哲学，通过保持心灵的平和状态来实现与自然的完美融合，进而达到精神上的解脱。这一美学将人类与自然融入了“静”的境界，鼓励人们追求自然并培养淡泊的生活品位，进一步塑造了淡泊和宁静的审美观念。

“静”是禅宗美学的核心元素之一，源自禅宗的“空”理念，将世界万物视为虚幻，真实只存在于心灵的觉醒之中。因此，“静”被视为修禅的最终目标，只有通过理解“空”，才能净化灵魂，实现精神的解脱，摆脱世俗的羁绊，进入真正的美的境界。虽然在表面上，禅宗美学的“静”似乎是否定了一切，但实际上，它运用了东方独特的辩证法来面对矛盾。“静”并非“无”而是“有”，既看似空虚又确实存在，它既否定一切又重视一切，正如“色不异空，空不异色，色即是空，空即是色”[②]所表达的。在这里，“空”代表一种没有欲望的内心状态，代表

① 惠能．六祖坛经 [M]. 邓文宽，校注．沈阳：辽宁教育出版社，2005.

② 赵孟頫．般若波罗蜜多心经 [M]. 南昌：江西美术出版社，2018.

着从一切束缚中解脱出来的超然境界。禅宗美学中的“静”从“空”中孕育而生，充满独特的美感。

当这种尚“静”的理念融入传统艺术、景观设计及室内设计等领域时，对艺术、设计审美以及美学观念产生了深远的影响，同时进一步塑造了禅宗美学中“静”的意境。这为中国人的审美视角开辟了广阔的新视野。在中国艺术史上，“错彩镂金”与“出水芙蓉”代表了不同的审美理念，而禅宗美学通过“静”的观点强化了其在审美过程中的地位，使清雅与宁静的审美理念日臻完善。

8. 禅宗美学的意境性

禅宗美学的理念是“不立文字”。禅宗哲学强调，常规的语言、标志及逻辑推理未必能精确地揭示终极的真理。由于真理的本质难以用言辞或文字简洁地阐述，禅宗采用了隐喻与象征的手法，人们借助这些方法来理解真理的禅宗美学。但是，这些象征的元素仍不能彻底揭示禅宗美学的深奥含意，因此，当利用这些象征时，还需透彻理解其内涵，并超越其表面意义，达到一种无法用语言描述的境地，禅宗美学便是通过这些隐喻和象征来追求“境”的。

“境生象外”代表了古代中国画意境论的核心理念。它主要表达了这样一个观点：尽管境与物象密切相关，但境并非简单等同于物象，而是蕴含了更深的意义。艺术设计的意境可分为两个层面，即境和象。这两者都旨在将其深层意义展示并传达给观者，同时激发观者的想象力。它们以一种逐渐由具体到抽象，再由抽象到具体的方式，打造出富有情感和充满生气的艺术审美境界。这一观点源自意境论，深刻地反映了意境作为美学范畴在艺术创作和审美评价中的关键作用，以及在审美过程中对境的不懈追求。

意境是中华传统美学的中心思想，意境论是禅宗美学与艺术设计演变中出现的重要美学领域。境的出现与禅宗美学息息相关。禅宗美学认为所有的问题最终都与“心”有关，并以此为基础来解读世界。审美观点从基于“物象”转向“心象”，即对境的追求。生活中有许多境，但这些境都不代表人生的终极目标。终极之境是涅槃境界，在此境地中，人们对于空寂有了真正的认识，并意识到每个人都有可能领悟禅宗的真理，涅槃之境即真正的觉醒。

设计与艺术创作是一种深层次的精神活动。禅宗美学从这种精神维度出发来探讨境界，它与艺术审美关系密切，并成为支持艺术创作与美学建构的关键理论。禅宗美学主张一切皆为法，鼓励从自然景观中找寻禅意，如白云、山月、松影等皆可成为一面无差别的“镜子”，映照出禅意，达到人与自然和谐、人与物交融的终极境界。

9．禅宗美学的悟参性

禅宗美学的本质是寻求自由，表现了自由与随性的核心特点。尽管禅宗被认为是一种宗教流派，但它呈现出一种“革命”的本质。这种“革命”包括“不立文字”，以及反对阅读经典、理解佛法、坐禅冥想等观点。禅宗后来甚至采取了激进手段挑战宗教权威，如嘲笑佛陀、谴责祖师、焚烧经典等。其核心目标是摒弃一切外部思维的束缚，重新塑造个体心灵的独立领域。这一思想在“即心即佛”的禅宗美学理念中得到了充分体现。

然而，禅宗美学的理念不仅仅局限于“即心即佛”。它强调直接通向心灵深处，瞬间觉悟而成佛的同时，更深入地消除外部思维的一切限制，实现真正的心灵解放，这被看作内在觉醒的基础。禅宗追求彻底解脱一切外部的羁绊，追求内在觉醒，追求精神的自由和解放。

在禅宗美学中，“悟”的概念充分揭示了其寻求自由和随性的核心。通过“悟”，禅宗美学旨在达到涅槃的境界。从禅宗美学的角度来看，每一个体都具备佛性，而成为佛的关键在于反思、洞察自身的真实本质。然而，这种对内在本性的洞察不能通过常规的思维方式实现，只能通过“悟”达成。“悟”使个体看清内在本性与世界的真实本质。“悟”被视为禅宗美学的核心和灵魂，如果没有“悟”，这个流派就不能称为禅宗，更不可能存在禅宗美学。

（三）禅宗美学的设计美学价值

中国传统美学的根源可以追溯到儒家和道家美学，而禅宗美学的出现则标志着中国传统美学的进一步充实。禅宗美学作为其关键组成部分，自唐代以来，其思想已经深刻地融入了文化、生活和艺术等多个领域。直至今日，有着丰富美学智慧的禅宗美学依然对中国传统美学研究具有指导意义。

1．宝贵的文化遗产

禅宗美学不仅仅是一种宗教审美观念，它更多地被视为一种文化现象，其独特的思想元素，深入渗透到社会的多个领域。这种审美观在诗歌、散文、小说、绘画、书法、园林、雕塑、建筑等多种文化艺术领域产生了显著的影响，禅宗美学为中华文化注入了与以往不同的生机。

中国的传统美学根植于儒家和道家的美学传统，许多领域可能未充分重视禅宗美学的潜力。这一局面既不利于传承中国的传统美学，也难以构建新的民族美学理念，更难以促进中外文化之间的交流。禅宗美学体现了中华民族的智慧，同时也是全人类宝贵的精神遗产之一。作为中国传统美学的关键组成部分，它有着深远的文化意义。禅宗美学倡导的“淡泊明志”理念，在当今快节奏社会中，仍然是人们所追求的理想。在禅宗美学中，人们注重寻找减轻压力和寻求精神依托的方式。它所传达的自然之美和简约之美与当下倡导的绿色设计理念相契合，表明中华先辈在历史长河中早已展现出超乎寻常的前瞻性，禅宗美学为人们开启了追求和谐与平衡的新途径。

禅宗美学是中华民族宝贵的历史文化财富。尽管其根源是由佛教东渡至中国，但其成形完全体现了中华民族的创新与智慧，在整个发展过程中均展示出传统美学文化的包容与创意。要真正理解中国的传统美学，禅宗美学是不可或缺的一环；深入研究禅宗美学，方可体会到中国书法、绘画艺术的深奥，以及艺术家所欲表达的禅意。重视禅宗美学之所以重要，是因为它不仅是中国传统文化的核心组成，更富含了跨越民族界限的文化与美学见解。为了全面理解与继承中国的传统美学，需从中提炼精髓，使之与当下社会相容，与现代文明相辅相成，既保留民族特色，又表现其时代特征。

2. 丰富的美学智慧

禅宗美学并非一般意义上的美学或通常的艺术哲学，其起源于宗教但却超越了宗教。李泽厚的观点表明，中国哲学的高点并非在宗教领域，而是在美学领域。禅宗美学恰如其分地证明了这一观点，它汲取了宗教中的美学智慧，但又不受其限制，因此逐渐成为大众审美观念的一部分。张法则认为，禅宗美学的核心在于寻求一种特殊的生活方式，它既不脱离现实，又超越了现实，达到了成佛但不离开人生的境地。因此，其倡导的禅修方式是“明心见性，直指本心”，旨在追寻心灵的根源，最终达到顿悟和成佛的境界。禅宗实际上是一种独特的修行方式，目的是追求理想的人生状态。禅宗的核心思想在于超越，它超越了现实的对立和生命的苦难，追求着思想的自由，这是禅宗美学的终极理想。

在佛教进入中国之前，中国传统的审美观点主要受到儒家和道家的影响。禅宗美学的兴起为艺术审美心态带来了革命性的变化。从隋唐时期开始，禅宗美学的影响触及思想、文化、艺术等多个领域。禅宗美学给中国传统美学带来的创新之处是它揭示了审美活动的纯粹和自由，并将审美活动与人的本性自由联系起来。相较于儒家和道家美学，禅宗美学既不是将其“意”传达为“仁”，再通过“乐之”的方法实现意象；也不是将其“意”视为“象”，通过“象罔”的方式展现道理；而是将“意”理解为“境”，通过“妙悟”来实现境界。

禅宗美学所涵盖的美学智慧是无穷的、不可耗尽的，它为环境艺术设计提供了坚实的理论基础，能够赋予设计永恒的活力。禅宗不仅仅是宗教流派，更是具有审美内涵的生活艺术，超越时代与空间，其生命力永恒不衰。

3. 持续的动态实践

禅宗美学的审美智慧为环境艺术设计和设计美学提供了启发，但其核心依然具备明显的唯心主义倾向。因此，当面对禅宗美学时，设计师应以批判的眼光继续发展禅宗美学，展现其美学优势，进一步推广其美学观点，为环境艺术设计提供理论指导和设计思路。环境设计是文明进步和时代发展的产物，禅宗美学需要在现代化的背景下进行不断地重构。对于有助于环境艺术设计的理念，应在传承和进步的前提下，融合前沿科技手段，顺应时代变革的脉搏，继续发展其美学思想。在环境艺术设计中应用禅宗美学是充满变革和挑战的实践过程，一方面，需要引入高级技术和设计方法来推动发展；另一方面，应深入挖掘和运用本国传统美学文化，发掘其独特之处，创作充满文化底蕴和民族魅力的作品。这样，环境艺术设计才能继续茁壮成长。同时，环境艺术设计需要紧跟时代潮流，推动物质与心灵的和谐发展，从多个方面入手，推进设计实践的道路。

（四）禅宗美学在环境艺术设计中的原则

将禅宗美学融入国民的日常生活中，不仅可以丰富他们的文化体验，赋予他们更多智慧，还可以增强他们的审美鉴赏能力。

1. 用自然代替矫揉造作

禅宗的核心思想在于顺应环境，与自然和谐相处。禅宗美学包括与自然的或超越日常的多种要素，倡导追求自由、与命运协调、顺应自然的状态。禅宗强调平常心，平常心代表着不做作、不评判、不选取、不断续、不分贵贱的态度，消除了对立和绝对的表面现象。这些表现方式通常与世俗心态和人的日常活动相符，反映了人类的自由发展，这展示了一种与自然和谐、充满诗意的生活和审美。禅宗美学强调与自然的和谐，引导人类超越世俗，达到佛的境界。正如六祖慧能的观点，如果本来没有任何物质存在，哪里会搅扰尘埃？① 这种修行方式注重自然和内心的“空”和“无”，提倡不追求的态度。对于环境艺术设计而言，这意味着设计师应尊重自然法则，从材料的本质中获取灵感，并促进人与自然的和谐共生。日本著名照明设计师角馆政英谈到负设计时说：“和我一样，现在有很多日本设计师追求负设计，负设计是在满足人们需求的前提下，将能耗降到最低。如果此处没有这个照明，人们就无法正常生活，那么这个光源就是必需的，如果不是，那么这个光源就是多余的。”负设计是一种对环境有责任感的设计方法。任何设

① 惠能．六祖坛经[M]．邓文宽，校注．沈阳：辽宁教育出版社，2005.

计都会带来能源和环境的消耗，而环境艺术设计旨在为大家创造更优美的生活环境。因此，设计者除了创作实用性强的作品，还需极力减少由设计造成的负面影响，提倡采用如竹、木、石等天然材料，避免采用高能耗、高污染的“新材料”。

近年来，现代环境艺术设计越来越注重环保和资源节约方面，以前不少设计师过于追求奢华，与生态环境理念相悖，不符合中国传统美学中与自然和谐、人与自然融为一体的理念。传统美学主张与自然和谐，现代环境艺术设计也强调这一观点。例如，许多设计师支持极简主义设计，倡导回归自然，认为将设计与自然融合，能够在快节奏、科技化的社会中帮助人们找到心灵的平衡。这实际上是东方朴素自然观和西方现代设计理论的结合。现代环境艺术设计需要以实际为基础，合理运用自然材料，满足消费者真正的需求，不刻意追求过分华丽的设计，也不谋取不正当的利益，唯有如此，才能创作出可以真正满足生活需求、提高生活品质的作品，并为“中国设计”做出贡献。在设计过程中，设计师不仅要考虑产品的美感和实用性，还要着重减少对环境的负担，广泛采用环保和低能耗材料，避免不必要的设计，根据实际需求巧妙运用自然材质，从而创作出与自然和谐共生的环境艺术。

2. 用简约代替繁复杂乱

考察环境艺术设计的历史，我们可以观察到，在不同历史时期，环境艺术设计在经济、社会和技术进步的影响下，呈现出独特的设计潮流。举例而言，英国工艺美术运动被视为现代设计的起点，其特点在于强调自然图案和哥特式设计，其目标在于提升产品品质并推崇手工艺品。接下来的新艺术运动则全心追求自然设计，突出自然界中的曲线，放弃了传统的装饰元素。此外，现代主义设计的构成主义、象征主义及后现代主义设计的达达主义和波普艺术等风格，每一种设计潮流都紧密联系着特定的历史环境。在英国工艺美术运动兴起之前，机械制品的工业设计领域相对滞后，缺乏新的设计观念。因此，在工业革命后的一段时期，一部分国家的机械制品呈现出低品质和外观粗糙的特点。同时，过度的装饰和矫揉造作的维多利亚风格在设计领域逐渐开始流行，环境艺术设计发展受到影响，直至在工业革命的发源地——英国，催生了工艺美术运动。

在当前社会背景下，人们可以获得丰富物资资源和多样化的产品，这一方面提供了视觉上的享受，另一方面也带来了一些生活压力。因此，不少人开始寻求朴素自然的生活方式，同时他们期望环境艺术设计的风格能够更加清晰简明，旨在通过环境艺术设计平衡视觉愉悦与情感负担。环境艺术设计中的“简洁”并不仅仅意味着简单化，更是人类对深刻内涵和简练之美的追求。

“空寂”将“朴素”视为其核心特质，而“朴素”也是“空寂”的基本属性。这种“朴素”实际上构成了“雅致”设计的基础，并赋予其独特的风格。张扬财富、奢侈的消费行为被一种自然而微妙的审美愉悦所取代。在中国传统审美艺术中，中国画以其简洁的风格脱颖而出。中国画的“留白”技法创造了虚实对比，展示了一种“空灵”的艺术语言。例如，画中未直接描绘云朵，但留白之处似乎有无边无际的云海；未直接描绘水，却通过留白使人感受到江河湖海的广袤。同样地，在唐代，画家阎立本在作品《步辇图》中以空白背景描绘了唐太宗会见西藏使者的情景，这幅画并不让人觉得唐太宗身处荒野，反而更隐喻了皇帝周围的壮丽宫殿，展现了中国式的内敛之美和难以言表的空灵氛围，这种审美与道家“有”与“无”的哲学相得益彰。

在环境艺术设计领域，简约主义强调着结构本身的形态和形式，其设计风格以简明、清晰为主，不倡导过多的装饰，而强调合理的结构构成和材料的实用性。通过精湛的工艺处理，满足环境艺术设计空间的需求，创造了简洁而富有美感的效果。其宗旨在于将设计要素化繁为简，从而实现简约替代复杂的设计目标。所谓的以简代繁并非盲目地减少或否定，而是剔除多余之物，通过简练的设计策略表现环境艺术设计的核心，为人们提供可以完全放松的空间。这一纯净的设计理念有助于优化生活空间，符合简约主义爱好者的需求。

第五章　中国传统美学在不同环境艺术设计中的应用

本章主要介绍中国传统美学在不同环境艺术设计中的应用，包括室内环境设计中的中国传统美学、风景园林中的中国传统美学、建筑装饰设计中的传统美学、城市环境设计中的传统美学四方面内容。

第一节　室内环境设计中的中国传统美学

一、室内环境设计的基本定义

在人类漫长的社会发展进程中，为了追求建筑室内环境质量的安全、健康、舒适和美观，人们进行了一系列的设计审美创造活动，这些活动被称为室内环境设计。室内环境设计的产生与人们的生产生活息息相关，同时也影响了人们的居住环境及精神需求，它不仅为人们提供了良好的工作场所，而且还有利于提高人们的生活质量。室内环境的设计演变历程，一定程度上折射出一个国家在不同历史时期的文化、经济发展水平及民族历史。

室内环境设计学是一门内涵广泛的设计学科，它与建筑学、人体工程学、环境心理学、设计美学、史学、民俗学等学科紧密相连，特别是与建筑学密不可分，可以说，建筑是整个室内环境设计的载体，而室内空间环境设计活动的发生则离不开建筑物本身。所以，从广义来说，室内环境设计就是对建筑物内部各种功能组织排列和空间布局的整体构思及实际布局的过程。室内环境设计师的职责在于在建筑设计完成原始空间建造的基础上，对其进行重新构思和创新。室内环境设计的基本任务就是对所需要的空间形态加以改造，使之满足人们不同层次的心理要求。室内环境设计中所体现出来的人的主观意识和情感，也就是所谓的个性化设计。这种以具体空间为基础的个性化设计，创造出的空间更接近于使用者的真实需求，是一种与原始空间完全不同的、充满人情味和艺术性的空间境界。

二、中国传统室内环境设计的美学特征

在漫长的历史中，中国发展出了一种独具特色的民族文化，我国传统的民族文化与西方的设计理念相比明显不同。在中国的民族文化中，中国建筑室内环境设计体现出的美学精神是一项至关重要的元素，其所体现的美学精神与世界其他民族有一定的差异。它强调整体性，崇尚自然美，注重完整性，倾向于含蓄的表达和情节性的呈现，具体表现在以下几点。

（一）空间分离采取的形式是“断而不断，隔似未隔”

主要的展示工具包括碧纱橱、落地罩、屏风、博古架和帷幕。其中最常见的是挂帘、挂画、画扇等，“秋千院落重帘暮，彩笔闲来题绣户”“庭院深深深几许”等古代诗词都表现了一种特殊的空间装饰形式，中国的家庭观念与这种形式密不可分。中国的家庭模式在形式上呈现出一种不可分割的分离状态，一个人从小就生活在一个大家庭之中，每个家庭的文化氛围可能略有不同，这就是我们所说的家族文化。尽管小型家庭独立存在，但其与整个庞大家庭紧密相连。客厅内的隔断设计正是基于这样的家庭模式出现的，不仅要考虑使用功能的要求，还要注意美观性，实用性，同时还需要满足人们的审美需求。此外，屏风上所呈现的精美图画和典故，以及博古架上摆放的古玩等物品，一定程度上是主人内涵和品位的体现，为空间注入了更多艺术气息。在设计中还需要注意一些细节问题，比如，在当今的中式室内环境艺术设计中，许多设计师仍然喜欢采用“断而不断，隔似未隔”的设计风格。

“借景”多是“远看”的，而引入自然景物则是“近观”。借景是古代园林艺术设计中常用手法之一，也可以说是造园艺术的一种方法。在中华大地上，供石、养花、制作盆景的历史悠久，源远流长。古人以“移情入境”作为赏玩山石、花卉和植物的准则。通过将自然景物引入室内，我们可以从微观的视角观察到宏观的景象，从而在有限的景物中营造出更广阔的意境，在户外营造出似隔非隔的含蓄美。它是以一种特殊的方式来表达人对大自然的向往和追求，追求人与自然的高度统一。人们对自然的依恋和热爱，以及期盼与自然和谐相处的渴望，都在设计中得到了充分的表达。

（二）中国传统设计在装饰上采用含蓄的手法

在表达手法方面，可采用以下三种手段。

第一，谐音。在中国古代的室内装饰中，蝙蝠、鹿、鱼、鹊、梅等图案被广

泛运用，以谐音的方式呈现出独特的艺术风格。蝙蝠的头部像个灯笼一样，所以又叫灯笼形装饰。蝙蝠的“蝠”和“福”谐音，“鹿”和“禄”谐音，“鱼”和“余”谐音，这与中国古代人追求福祉、财富和荣誉的理念密不可分。右边摆一盆兰花，左边摆盆荷花，盆旁挂一块牌匾“福满门”，也表达了相似的理念，借谐音寓意对幸福的渴望。有些古老的住宅，其厅堂内的家具布置也颇为考究，厅堂中央自内向外延伸着长条几和八仙桌，桌子两侧摆放着太师椅，而厅堂两侧则摆放着茶几和木靠椅，八仙桌两侧则是主人和贵宾的座位，两侧则是招待客人的场所。在长条几上的陈设寓意深远，东边的大花瓶西侧则放置着镜子，而中间的一台则是自鸣钟。男性为左，女性为右，男性外出经商，平平（瓶）安安，女性在家中内心平静如镜，当钟声响起时，象征着“一生平安，终身平静”，这些皆是人们向往美好生活的表现。

第二，隐喻与借喻。还有一些建筑物的门窗框也是以梅花或菊花作为主要装饰图案。在各类窗户和门栏中，常使用梅、兰、竹、菊等花卉，以及象征主人精神追求的“暗八仙”等物品。在一些建筑物或构筑物中，如窗花、栏杆等也往往用梅菊等植物来表达寓意。梅菊具有耐寒的能力，而竹子则展现出其高尚的品德，象征着其坚定不移的气节；而“暗八仙”则象征着行业中的佼佼者。在门窗玻璃上用圆形图案表示“财源茂盛，五谷丰登”，这是期望生活中财源滚滚而来的一种祝福。在安徽西递宏村附近的民居中，窗户上的图案独具特色，其中采用菱形格的图案表达了“冰冻三尺，非一日之寒”的含义，以此来激励居住在其中的人们努力求进。另外，在门上画一些动物或人物的图案，如“狮子”“老虎”等，这是一种威猛、刚毅的象征。在云南土司家的楼梯设计中，采用了一种独特的设计手法，将上梁的高度降至极低水平，进入其中便不得不低头，仿佛置身于屋檐之下，不得不低头，体现主人的尊崇地位，中国建筑的室内环境设计因这些独特的设计风格，呈现出丰富多彩的故事情节。

第三，象征。如沙发、床、屏风等处均用花卉来表现出吉祥喜庆的主题。这种技法常被运用于室内物品的装饰之中。在一些工艺品上也常用到这种方法来增强艺术效果和烘托气氛。在家具设计中，床头的石榴图案、枕头的鸳鸯图案及桌子上的仙鹤图案都是具有典型代表性的元素。石榴象征着多子多福，鸳鸯象征着夫妻恩爱，而仙鹤则象征着长寿。

（三）空间形式的完整性，非常有序

中国的建筑外观和内部形态以长方形、正方形、圆形、菱形或正多边形为主，

极少采用非规则形状。这种规则式的布局与西方国家中规整化的空间布局有一定差异。中国的庭院多以四合院为主要形式，尽管在不同的地域有着微妙的差异，但总体而言呈现出相似的特征。中国的建筑不仅外部呈现出规范的几何形状，内部物品的规则化也是显而易见的，仔细观察中国的桌椅板凳，它们的形状几乎不是圆形，就是方形。

总的来说，中国传统美学以其源远流长的人文底蕴，成为中华民族精神世界和文化心理的一大体现。它作为一种独特的审美方式和价值判断标准，对当代社会仍有着重要启迪意义。在形态方面，它融合了黑格尔（Hegel）在《美学》中所阐述的暂时性和永恒性两个方面的要素[①]。所谓永恒性则是它自身所固有的特点，即其内容和形式都有相对稳定的特性，并不因时代的变化而发生根本性的变化。暂时性即其历史具体性，随着时代的演变，这些特定时代的观念也会发生相应的变化。所谓永恒性则是指中国传统美学对人类生活具有普遍指导意义和价值导向，那些永恒的人文底蕴，如对人生的审美追求和人与自然的完美融合，历久弥新，最终被融入中华民族文化和中国人精神世界的深处。中国古代审美所追求的是“内敛”，这是美与善的统一，相较于西方审美观中的唯美主义和片段性思维，这种审美视角更具有客观性。因此中国传统美学在设计领域里也同样体现出这一特征。对中国美学文化内涵有了深刻的领悟，方有可能了解中式室内环境设计内外兼修的美感。

三、中国传统美学思想在现代室内环境设计中的体现

（一）现代室内环境设计的审美需求

现代室内环境设计的核心理念在于以人为中心，致力于为人们提供优质的服务体验。它强调人作为主体对室内环境的作用，以及如何利用室内环境创造一个有利于人类健康生活和生存发展的空间环境。现代室内环境设计需要综合考虑人与环境、人与人等多个方面的关系，不仅要满足现代人在生理和心理上的需求，更要在服务人类的前提下，兼顾使用功能、经济效益、舒适美观、环境氛围等多方面的要求。设计师应当对现代人的审美需求进行更全面的了解，致力于将中国传统美学的精髓更好地融入室内环境设计，努力推动中国特色的现代室内环境设计发展。

---

① 黑格尔．美学[M]．朱光潜，译．北京：外语教学与研究出版社，2019．

1．简约风格

随着现代社会条件的日益复杂化，现代人所面临的挑战也日益增多。科技与经济发展速度不断加快，人们的物质需求得到了极大满足，而精神文化层面却受到一定的影响，人们开始更加注重自身内心感受和审美体验。现今社会，一部分人对于简约环境设计风格的追求日益强烈，他们追求的不仅仅是表面上的简洁，更是内心深处的平静。在20世纪60年代，西方兴起了一股“现代艺术运动”，其主要特点是使用新材料和新技术，建造适应现代生活的室内环境，注重简洁明了，强调室内空间的实用性。它要求室内布置应当与家具布置和空间相得益彰，主张摒弃烦琐的附加装饰，追求流行时尚元素的色彩和造型。由于许多人开始追求舒适而非奢华，简约风格受到越来越多人的欢迎。这一现象不仅揭示了现代人对于室内设计的审美需求，同时也引出了一个值得深思的问题，即在哪里可以找到具有中式风格的现代简约风格，展示我们民族的独特之处？这就涉及如何理解“简约”这一概念以及如何把握好简约这个艺术语言等问题。尽管简洁并非设计的终极目标，但它却是现代设计方法所追求的成果。从某种意义上讲，它是一种返璞归真的方式，体现着对自然的尊重和回归简单质朴。因此，我们应当对中国传统文化进行深入探究，提炼出适用于现代室内环境艺术设计的美学理念，推动简约风格设计的发展。

2．绿色设计

随着现代人环保意识日益增强，人们也越来越注重节能环保和绿色设计，注重提升整体生活质量。绿色设计是一种新的理念与方法，其内涵丰富且具有深远意义。绿色设计，亦称生态设计，指的是无污染的设计，包括但不限于没有空间、视觉、光、设计语言等方面的污染。绿色设计主要是从人与自然环境协调发展角度出发而提出来的一种新型设计理念，该设计理念的核心在于将环境因素和污染预防措施融入室内环境设计，以环境性能为设计目标和出发点，致力于最小化对环境的影响。因此，绿色设计是以“可持续发展”为基础的一种新的理念和方法。绿色设计的基础不仅限于功能、性能、质量和成本的要求，还要考虑到环境效益和对生态环境指标的影响。在构思和设计的过程中，设计师应当全面考虑生态环境的保护问题，将经济、环境和社会效益相互融合，最大限度地维护人类与自然环境、社会环境之间的和谐。

3．注重自然

在古代，人们崇尚自然，将中国传统室内的内部空间与外界的自然因素相互融合，形成了一种通透的空间组合，从而实现了相互沟通的目的。随着现代社会的发展，那些居住在由钢筋混凝土堆砌而成的狭小空间中的现代人，经历了喧嚣繁杂之后，最向往的环境也是回归本真，回归自然，从而达到身心放松的目的。所以，现代室内环境设计应该回归到“天人合一”这一思想上。在室内装潢设计中，我们应注意营造出一种回归大自然的氛围，使室内环境具有“天人合一”的内涵。在园林建设中，古人强调回归本源，回归自然的本真状态。古园中的水景具有独特的文化内涵与艺术价值，游人在每一个拐角处都能欣赏到独特的景观，它们仿佛在诉说着各自的故事；透过漏窗借景的巧妙运用，观者可以领略到不同的境界；在曲径幽深的神韵廊柱与阳光影子的交织中，呈现出一种流动的美感，时时刻刻都在展现着中国传统美学的魅力。无论是古代建筑还是现代建筑物，它们喜爱运用各种艺术形式来营造其特有的气氛。尽管现代室内设计无法直接套用古人的手法，但我们可以借鉴古人在这一领域的创新思维，通过设计师的巧手，创造出一个能为使用者提供精神营养的空间环境，让使用者在其中不断汲取有益成分，令他们的生活更加丰富和充实。

4. 现代室内环境设计需要内涵

在过去的室内环境设计中，人们注重装饰风格的塑造，更加强调对形式美感的追求。随着现代社会物质生活水平的不断提升，人们也越来越注重精神层面的需求，室内环境设计作为一种艺术形式，也逐渐受到大众关注和喜爱。其次，在现代审美的背景下，人们更加注重艺术风格、文化特色和美学价值，在这种情况下，传统文化与现代设计相结合就成为一种流行趋势。在科技进步的探索中，人们并未否定或抛弃以往的文化传统，而是包容了传统文化所创造的传统技术和工艺，并在现代设计的基础上融入了传统设计的美学精华，从而使传统文化的内涵得到了进一步的拓展。因此，现代室内环境设计必须充分挖掘传统元素，将其与现代科技有机结合，努力实现既传承传统又适应时代发展需要的目的。

（二）现代室内设计继承传统美学思想的方法途径

1. 家具与室内的一体化设计

在室内环境设计中，家具是构筑室内空间的核心元素，而家具的挑选和布置则是凸显室内环境设计风格的关键所在。随着现代社会经济发展水平不断提高，人们对于居住环境的要求也越来越高，因此，如何将室内环境设计与家具设计有机结合起来是当代设计者们关注的焦点问题之一。为了达到整体统一的效果，需要设计师在进行室内装饰设计的同时，将家具的功能和造型融入一体化设计中，从而实现家具与室内环境设计的融合，形成一个和谐的整体。

在室内环境设计中，由于缺乏明确的空间交互界面，往往会导致空间功能的不足。在这种情况下，我们需要运用家具的实用性来填补空缺。不同种类和风格的家具，都有自己特定的使用范围，因此它们之间必须相互配合才能实现空间的合理分配。为了满足空间界面的需求，设计师可以同步设计家具，并通过家具的分隔实现空间的分割。由于外部建筑环境对室内空间大小具有决定性作用，某些室内空间界面的设计必须考虑空间大小，确保家具的尺寸与空间相匹配。

将家具与室内环境设计融为一体，融合了传统美学思想的精髓，同时也满足了现代人对于个性化需求的追求。同时，通过将现代审美元素与古代文化相交融，使得人们更加关注生活质量和精神层面上的提升，这对于我国传统文化的继承发展有着重要意义。此外，我们可以从古人的设计中感受到“美”与“善”、“文”与“质”的完美融合，呈现出一种独特的美感。在家具与室内环境一体化设计的过程中，设计师必须将这种实用性和形式性并重的美学理念有机地融入其中，达到更高层次的审美效果。

2．营造整体情调

在古代，艺术家极为注重营造意境，强调整体情调的和谐，这一点与现代人的审美趣味不谋而合。在现代室内环境设计中，人们更多地从人的生理和心理出发来追求室内环境的情趣和格调，而不是简单地把自然当作一个单纯的场所。因此，对于现代室内环境设计而言，必须注重营造一种整体的情调感。

为了营造室内环境的整体情调，设计师还需要注意以下两点。

（1）色彩的选择和使用

在室内环境设计中，色彩是一项至关重要的视觉元素，它能够对居住环境产生深远的影响。室内环境的色彩之美，能够营造出一种和谐、愉悦的氛围，令人心旷神怡。不同颜色能给人带来截然不同的心理感受，合适的室内色调能给人带来精神上和心理上的愉悦。因此在进行室内环境设计时应该根据具体需求选择适宜的色彩搭配方式，这样才能创造出理想的室内环境氛围。

中国古建筑和传统室内的色彩运用中，红色一直以其独特的魅力占据主导地位，它作为一种颜色，不仅有装饰作用，而且还有着丰富而深刻的思想内涵。在国际范围内，红色被赋予了“中国红”的称谓，作为中国传统文化的代表之一，它在人们的心目中扮演着至关重要的角色。红色是一种充满青春活力的色彩，它象征着吉祥、喜庆、希望和幸福。红色不仅能够表现出强烈的艺术感染力，而且还能体现出极高的美学价值，因此，我们可以将红色运用到现代室内环境设计当中去，让红色成为室内环境设计中的重要元素。

在营造整体氛围的过程中，室内环境的整体调色板通常会采用较大的调和度和较小的对比度来表现。色彩是构成室内环境最重要的要素之一，在室内空间中，首先，要呈现的是一种主色调，其次，是一到两种辅助色调，实现相近色的协调或补色，从而凸显主体颜色。如在白色的室内环境设计中配以浅红色的窗帘等，就能表现出一种明快和谐的色彩美，给人带来愉悦之感。在室内环境的淡绿色基调中，搭配深绿色的地毯和豆绿色的组合家具，可以营造出一种在绿色中呈现出相似色彩的变化效果，从而营造出一种统一的氛围；在室内空间的米灰色调中，可以摆放咖啡色的沙发和米黄色的家具，通过相近色中含有黄色成分的方式，反衬出整个室内环境的协调性。

在室内环境的设计过程中，设计师必须充分考虑色彩所带来的情感效应，确保室内环境的情感表达得到最大程度的优化。不同的色彩可能对人的心理产生不同的影响，例如，橘黄色可能促进食欲，暗红色可帮助人集中精力，淡蓝色则能带来一定的镇静效果，而豆绿色则有助于我们振奋精神。

（2）材质的选用和搭配

在室内装饰品的设计中，应当注重材质的统一性，即使是同一种材料，由于不同的加工方法，也会产生不同的质感，在选择材质时，应尽量选择视觉和触觉相近的材料，并根据不同类别和年龄的人对室内空间环境的具体需求来选择肌理效果。同时还要注意室内装饰色彩的搭配及装饰材料的应用方式，这样才能够满足人们心理上的需要，从而提高室内环境氛围的舒适度，营造出良好的居住环境。通过巧妙地运用各种技术和艺术元素，将某一图形或图案作为主题，并将其融入家具、饰品等要素中，注重每一个细节和艺术刻画，尽量实现室内环境的整体统一。

3. 注入生态元素

在中国古代，祖先们深谙天成之道，珍视自然之美，并从很早开始注重对自然的尊崇和呵护。他们不仅将自然界看成一种美的对象来欣赏和享受，而且还将大自然视为一个和谐的整体来对待。中国传统美学思想中蕴含着丰富的生态哲学和生态智慧，这些思想和智慧为我们提供了深刻的认识和理解，这些优秀的思想对于今天我们如何处理好人与自然之间的关系仍具有重要的启迪意义。在当今生态环境仍存在一定问题的现实背景下，现代设计师一直致力于将生态元素融入室内设计，这种注重人与自然的共生与和谐的理念早已出现在我国的艺术设计作品中，成为将传统美学与现代室内环境设计思维相融合的一种方法。

许多人视生态元素为一种涵盖花草树木、原木装修、假山假水、田园风情等多种元素的综合体，这些元素共同构成了生态系统的代表。其实，这种观点是片面的，我们应该把生态与家居装饰联系起来看问题，例如，对原木装修这种以回归自然为主题的家居方式而言，这种方法直接导致了对树木的采伐，因此它并不能被视为一种真正的生态设计方式。

在室内环境的生态化设计中，必须贯彻以人为中心的理念，注重对人类健康的呵护，以及对资源进行节约和再利用。在设计过程中，必须以适用性、耐久性、经济性和安全性为主要考虑因素。室内环境的生态化设计必须考虑多个基本要素，包括声音、光线、水质、地质条件、绿化覆盖率、通风换气、日照时长、采光和温度等。其中，最重要的是绿色节能技术，为了打造生态家居，我们应当遵循尊重自然、优化设计和合理利用能源的原则，创造出更多能为人营造舒适环境，又能助力环境保护的生态化设计作品。

4．传统艺术表现手法的创新运用

（1）巧用“借景”手法

人们一直盛赞中国古典园林的营造法则，即“因地制宜，顺应自然；山水为主，双重结构；有法无式，重在对比；借景对景，引申空间”的造园法则，以及自然、淡泊、恬静、含蓄的艺术效果，这些都是现代人所追求的境界。中国的古典园林以借景、抑景、添景、对景、框景等多种造景手法来展现自然之美，在细节处呈现出宏伟壮观、在行走中不断变换景致。这些方法不仅使建筑环境和自然环境融为一体，而且还能创造出一种情景交融、虚实相生、意趣盎然的艺术美。在室内环境艺术设计的创作过程中，这些经验为我们提供了深刻的启示，使我们能够更好地理解室内环境艺术设计的美学价值。

当进行室内空间环境设计时，设计师可以巧妙地将中国古典园林中的“借景”技法融入其中，从而创造出一种富有创造性的室内环境。通过对自然水体与园林建筑相结合的方式，提高室内环境设计的审美效果。设计师可以将园林的山水之美融入其中，通过在水流的两侧布置石林、花草或室内建筑物，创造出丰富的效果。这样既能满足人们对自然景物的亲近，又能够给人一种身临其境之感。通过利用水面闪烁的无定、虚无缥缈和远近难测的特性，我们可以增强空间的深度和意境之美；借助中国园林中的“框景”，我们可以丰富空间的层次变化，而采用或方或圆的窗形，则符合中国传统天圆地方的理念；或是利用流水流动而产生的漩涡效应，使整个环境变得灵动起来。借鉴中国园林的“障景”，以营造空间的视觉效果为目的，也是可行的，如在酒吧的入口处，设计一道高大的石墙，而石墙中央则镶嵌着一扇精致的玻璃格窗，为整个空间增添了些许神秘的气息。在这

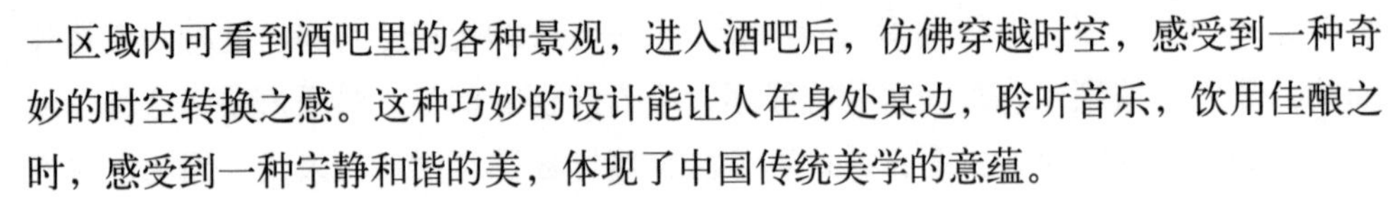

一区域内可看到酒吧里的各种景观，进入酒吧后，仿佛穿越时空，感受到一种奇妙的时空转换之感。这种巧妙的设计能让人在身处桌边，聆听音乐，饮用佳酿之时，感受到一种宁静和谐的美，体现了中国传统美学的意蕴。

（2）为“隔而不断”增添功能性

设计师可以借鉴传统室内空间的分隔方式，并在其基础上进行创新，捕捉那种“断而不断，隔似未隔”的神秘气息，从而在设计中达到更高的境界。通过对各种不同类型的室内设计案例分析可知，传统室内空间设计的独特之处在于，通过综合运用隔扇、屏风、罩等元素，创造出具有流动性、变化丰富的室内空间结构，从而创造出令人惊叹的空间体验。这不仅能体现人在室内环境设计中对空间感的需求，而且也是一种独特的审美情调表现。在现代室内空间环境的设计中，为了同时满足实用和装饰的双重需求，常常采用镂空木质隔断或竹帘类软性隔断等传统设计手段来实现空间的分隔。此外，还有一些特殊的隔板如玻璃隔板、陶瓷隔板、金属隔板等也是十分有用的，它们能够使室内空间产生一种流动感。基于此，我们可以将注意力集中在功能性上，采用透空式的高柜、矮墙或透空式的墙面来分隔空间，展现相邻空间之间的连续性和流动性；运用暗拉门、拉门、活动帘、叠拉帘等技巧，将空间分隔开来，增强其可塑性和实用性。比如，设计师可以在设计书房的时候，采用推拉门这一装饰形式，独立使用时可供主人工作和学习之用，如有来宾来访，可将门拉开，使其与客厅融为一体，扩大会客的空间范围。

（3）“虚”与“实”的再创造

现代室内环境设计所涵盖的元素，包括家具、装饰品和灯光等，随着人们需求的变化，也呈现出多种不同的元素。设计师通过对这些元素进行合理运用，就能使室内变得更加丰富多彩。无论元素的数量如何，都可以将“虚”与“实”的组合融入每个部分的设计中，达到更好的效果。

在审美方面，古人很少将注意力集中在局部和细节上，因为细节的发生是在整体的框架中进行的，这进一步验证了整体与局部的美学法则：局部设计服从整体设计，而整体的设计则包括局部设计。所以说设计中的任何一个环节都不能忽视，否则容易导致整个作品缺乏完整性。在展厅的设计中，首先，要考虑的是主体和重点，也就是所谓的“实”部分，如果没有鲜明的主题或中心人物，即使再漂亮的布面装饰，都无法很好地表现出整个大厅的活力。其次，设计师应当在空间布局上采用一定的缓冲设计，这种设计可以被视为一种“虚幻”的构思。最后，在光线的选择上要注意亮度的平衡及色彩的搭配，这样能够使整个空间充满生机并给人以美的感受。在室内灯光的设计中，通过光的聚焦和疏散的虚实交替，为人们提供了一种精神上的舒适和心理上的自由。

在现代室内环境设计中，关键在于关注审美对象的虚实关系，创造出一种既富有情调又轻松愉悦的审美氛围，并恰当地处理空间艺术与心理艺术之间的关系。

第二节　风景园林设计中的中国传统美学

一、风景园林的含义

通过运用工程技术和艺术手段，在特定地域进行地形改造（或进一步筑山、叠石、理水）、树木花草种植、建筑营造及园路布置等多种途径，创造出美丽的休闲区域，这就是所谓的风景园林。它是以人工建造的风景为基础而形成的一种特殊景观形态，是城市建设中不可缺少的组成部分。随着园林学科的不断发展，风景园林已经不再局限于一般的庭园、宅园、小游园、花园、公园、植物园、动物园等，而是包含森林公园、风景名胜区、自然保护区或国家公园的游览区等多个类型。

当提及“风景园林”时，人们常常将其视为一种简单的艺术创作形式，如花园设计、苗圃种植等单一的种植活动，与“园林”概念混淆。这种思维方式导致很多人对风景园林设计存在认识误区，认为风景园林只是一种单纯的园艺活动。实际上，风景园林设计是一项综合创作，它将科学理性分析和突然迸发的艺术灵感融合在一起，旨在为人们提供相对理想的生活空间和活动场所。

二、中国传统风景园林设计美学特征

（一）意境美

在有限的空间内，中国古代设计师运用精湛的艺术技巧，将自然之美、建筑之美和艺术之美融合，创造出千姿百态的园林景观。这些美轮美奂的景观，不仅给我们提供了休闲娱乐的场所，同时也陶冶着人们的情操。无论是皇家苑囿的端庄雍容，还是私家园林的精巧雅致，或是名山寺观的古色古香，古代的园艺大师们以其卓越的智慧和才华，精心设计、巧妙安排，将大自然的千姿百态浓缩成一幅幅令人陶醉的艺术画卷，下面我们将从两个方面对意境美进行阐述。

1.意境美的审美内涵和基本特征

中国的风景园林设计之所以独具特色，是因为其最本质、最核心的追求是营造出一种令人心醉神迷的意境美，而园林的格调则是这一追求的终极目标。意境美在我国古代风景园林设计艺术中占有非常重要的地位，中国古典园林的内涵、传统风格和特色的核心在于其所营造的意境，意境在风景园林设计中具有重要地位和作用。意境，是指以有限的物象为媒介，营造出无限的意象空间，让观者感受到象外之象、景外之景，从而将情感赋予物象。在园林景观设计中，要把这种思想体现出来，需要做到情景交融、虚实结合，才能创造出富有意蕴美的景观。

意境的本质在于通过有形的呈现方式，将抽象的概念转化为无形的存在；通过物质的呈现方式，表达出精神的本质；通过有限的表达方式，表达无限的可能性；通过实境的呈现方式，将虚境的存在转化为具体的形象，从而将真实景象与其所暗示、象征的虚境融合在一起。人对现实世界的认识过程是从感性到理性，再从理性上升为艺术，这就决定了风景园林的审美特征是一种情景交融、虚实相生的创造美。建筑、山石、水体、花木构成的景物，呈现出有形、有限、有比例的特征，为人们提供了直接感知的空间，它们之间又相互联系、相互影响、相互作用、彼此渗透，形成一个有机整体。风景园林所营造的想象空间，是一种无形的、无限的、无比例的存在。所以，园林意境是通过对客观物象与主观情思之间关系的把握来实现的。在中国古典园林中，众多审美对象的存在，无论造园家如何精心设计、布局，其目的在于在特定的时间和空间条件下，最大限度地激发游客的审美体验，从而引发他们的情感共鸣。

2.意境美在造园中的运用

在风景园林设计的过程中，巧妙地运用诗赋和绘画艺术，往往能够为整座园林增色不少，因为园林的意境和风貌往往取决于艺术家的文化修养，这也凸显了设计师在绘画和诗赋方面能力的重要性。园林与画家之间存在着一种微妙的相互关联，他们彼此欣赏对方作品的同时，也共同参与到各自所创造出来的园林景观之中。中国古典园林因其独特的关联，总是散发着诗情画意。尤其是以自然为题材的诗词佳作，更是让人回味无穷。例如，每逢月夜，杭州西湖的“三潭印月”便呈现出皓月当空的壮观景象，月光、灯光、湖光相互映衬，月影、塔影、云影交织成一幅美不胜收的画卷。园林的意境与诗、画有所区别，因为诗画所描绘的意境是通过语言、线条和色彩的巧妙组合而成，园林则是以实物为载体，借助人的想象和联想形成的。园林的氛围是由实际景物和空间相互交织而成的，形成了一种意境，这就使园林有着与诗歌、绘画不同的审美特点。

中国园林的历代设计师和建造者，以因地制宜、别具匠心的方式修造了众多园林，每一位游览者都仿佛置身于一幅完美的画卷之中。这就是“以景入情”的艺术魅力所在。中国的古典园林设计非常注重近景和远景的层次，精心布局亭台轩榭，巧妙搭配假山、池沼和花草树木，营造出一种诗情画意的境界。这一切都离不开诗人与画家对大自然景物的描绘。想要感受园林之美，不仅需要精通中国古典风景园林设计的常见技法和布局，更需要深入感受风景背后所蕴含的博大精深的文化内涵，方能真正领略园林之美。

中国的古典风景园林设计注重运用“写意”技法，每一座山峰和每一块石头都充满了深刻的寓意和回味，为人们留下了无限的想象空间。一块微小的石头，便可呈现出山峰和峡谷的景象；只需一勺清澈的水，便能呈现出江海的气势；一片树叶，便可生万物景象……这些景物，都是创作者心灵的写照。每一株草木都蕴含着森林的气息，每一座建筑都代表着园林设计师对于完美的追求。园林是以山水为主要景观要素而构成的空间艺术形式，中国古典园林设计在景点的空间布局上追求一种令人惊叹的境界，仿佛置身于群山环绕、水波荡漾、曲径通幽的境地之中，这是由园林艺术独特的空间形态决定的。因此，园林的布局和设景总是尽量避免制造毫无遮挡的视觉效果，而注重营造出一种含蓄深邃、形态尽显但意境无限的美感。

（二）动态美

1. 动态美的表现

中国古典风景园林设计之所以呈现出动态之美，源于其所描绘的景物在不断变幻中所展现出的生命力。它以其丰富多变的形状和姿态为我们展示了一个丰富多彩、妙趣横生的世界。设计师运用富有动感的造型艺术，为一座小园注入生机，使其呈现出令人陶醉的姿态和趣味。这种动，往往是以静态为基础，并通过各种造型手段加以强化，形成鲜明独特的形象和意境。比如，一条蜿蜒曲折的园林小径，因其蜿蜒曲折的形态，呈现出一种向前推进的动感。一栋栋造型别致的建筑物，又以其独特的风格吸引了人们的视线，仿佛是一条蜿蜒曲折的巨龙。云墙在起伏不定的地形中缓缓蠕动，一个巨大的圆台，似在旋转腾挪。那座高耸入云的尖塔，直指苍穹之巅，仿佛在向天空升腾。那千姿百态的假山、石笋、石柱、怪石都像一个个活灵活现的精灵。在白云的轻舞中，即使是顽石也仿佛在翩翩起舞，那千姿百态的石头，似乎在向人们诉说着大自然鬼斧神工的造化之美的妙处。即便是在晴朗的天空下，人们也能够感受到动感的气息，这是因为中国古典园林中的造山叠石审美标准之一是“皱”，这里的“皱”指的是山石表面凹凸不平的褶皱，使得山石整体看起来呈现起伏不定的形态，这些明暗的变化，使得景色充满节奏感。

中国古典园林的建筑，如亭、廊、楼、阁，呈现出一种庄重而静谧的气息，然而，它们为何不会让人感受到深沉、压抑呢？这是因为在中国古代，人们创造了一种独特的建筑形式“飞檐”，这是一种奇妙的建筑设计元素。飞檐就是在屋顶四周或顶部用高梁做成屋檐形，使屋顶的四个角落犹如翱翔的飞鸟，欲展翅飞上天际。屋脊和飞檐上点缀着龙、凤、麒麟、人物、飞禽走兽等精美饰品，以及瑞云与卷草等瑰丽纹饰，散发着令人心驰神往的跃动之美。

中国的风景园林设计强调山水相生，园林因山而异，山水相生，令人叹为观止；山水之间有一种动静美，静与动相互衬托。当山的静谧与水的流动相互融合时，即使是一座荒山，也会焕发出生机。如果把山水与植物巧妙地融为一体，则会给人一种流动感和空间感，使人感到清新舒适。那潺潺流淌的流水声，将为宁静的园林注入蓬勃的生机。在古代文人眼中，山水与园林有一种天然而和谐的关系。如果人们在清风吹动的竹影婆娑、花影重叠之间徜徉，在这里，风也会成为园林景观的一部分，共同塑造出一种动静结合的美感。静和动是一个事物存在和发展过程中两种不同状态的体现。在中国古典园林的设计中，常常融合动态与静态两种元素，使得园林设计呈现出一种充满生机与活力的氛围。动静结合，更能创造出一种意韵深远的境界。

总之，人们在游览一座封闭的园林时，感受到的不是静止与凝滞，而是因为园林中山水的各种动势相互影响，产生了一种张力，从而增强了园林的生机与动态美，风景园林设计是一种综合艺术，它承载着设计师潜在而热烈的动态追求，表现出独特的中国审美。

2. 动态审美的体现

(1) 时间变化

中国古典园林的审美活动受到时间的流转、春夏秋冬的季节变化、晨昏昼夜的时辰变化以及阴晴雨雪的气象变化的共同影响，这些因素交织在一起，构成了其独特的审美体验。因此，在风景园林设计艺术中就形成了一种以四时为序而又不拘泥于四季之节的节奏美。正是因为这些不断变幻的气象条件，才让人们在欣赏园林时感受到更为深刻的动态美。

在中国古代，园林景观的时间性早已被设计师所掌握，设计师将“良辰”和“美景”巧妙地融合在一起，使得时间和空间相互交织，形成了一系列充满活力的风景系列。随着季节的更替，园林的景致也在不断变幻，因此风景园林设计审美注重捕捉季节的动态演变。

在中国风景古典园林设计中，季节的变幻之美被有意识地凸显和加强，呈现出一种独特的美感。在不同时期，人们对四季美的认识也有所不同。以春桃、夏荷、秋菊、冬梅为代表的花卉，能够生动地展现出季节的变幻之美；春柳、夏槐、秋枫、冬柏，皆以树木为表现对象。山石所呈现的景象也是古典风景园林设计的主要表现内容之一，包括春季用石笋、夏季用湖石、秋季用黄石、冬季用宣石（英石）等，这些都是园林中常见的材料和设计手法，也可以说是风景园林设计创作中可以借鉴的经验。以扬州个园为例，四季假山巧妙地利用石料的色泽、叠砌的形态、配置的花木以及光影效果，呈现出四季假山独特的季节特征，游园一周，仿佛度过了一整年的时光。再如杭州西湖的景观设计中，春季呈现出“柳浪闻莺”之美，夏季则展现出“曲院风荷”之美，秋季则呈现出“平湖秋月”之美，而冬季则展现出“断桥残雪”之美。这些都是以山水为主体，与其他景物相融合而成的自然美景。这些景点不仅能给人以美的享受，还可陶冶我们的情操。

（2）空间变化

中国古典风景园林设计以山水、花木、建筑等物质实体为媒介，展现了园林设计师对于审美理想的追求，从而成为一种风景园林空间艺术的表现形式。游人在欣赏园林美景时，常常采用静态和动态两种截然不同的欣赏方式。所谓静观者，是指人们在游览过程中，不直接观察风景本身，而是通过自身的感觉去感受景观之美的特征和内涵。游人在行进的过程中，目睹着园林的动态之美，景点随着人的移动而不断变幻，这就是动观。一般而言，欣赏小型园林时，人们更倾向于从静态的角度来观察；欣赏大型公园往往以动观为主。由于大园拥有较长的游览路线，因此其游览方式主要以动观为主，然而这两种游览方式却是相互交织、相互影响的。如位于公园中心或附近，往往可看到许多游廊、花窗、水岸等景观，此时应尽量选择静观。适宜静观之处多在厅堂、轩榭、楼阁、亭台、古迹等处，这些地方常常拥有开阔的视野、迷人的景色和深厚的文化底蕴，适宜于静坐观赏。适合动观的则多在水边和池边，或为观鸟赏花之地，或供散步观景之用。在岸边细数池中游鱼，或在亭中迎风待月，皆可沉浸于古韵幽思之中。当然，即便是相对静止的景物，在不同的视角下也会呈现出多样的面貌，展现出一定的动态美感。

（3）层次变化

中国古典风景园林的景观设计呈现出主次分明、变幻无常的特点。在进行风景园林设计的时候，设计师通常会规划一条最优的游览路线，将各种最佳的动态观赏点和供人休息、宴客、活动、居住的建筑物有机地串联在一起，确保游览的最佳体验。这条路径就叫游览线，简称为园路。在中国古典风景园林设计中，游览路线常常呈现出自然蜿蜒、高低起伏的形态，或是依托水景，或是依山而建，有些甚至还设置了蜿蜒曲折的长廊，使游客免遭日晒雨淋之苦。另外，还有一些特殊的景观也可以利用它来营造意境。如游廊蜿蜒曲折，台阶起伏不定，石径蜿蜒曲折，这些地方都是观赏动物活动的绝佳之地。游人或攀登高峰远眺，或深入洞穴探寻幽径，园林之美如同一幅缓缓展开的画卷，令人感受到一种别样的动态之美。

三、中国传统美学思想在现代风景园林设计中的体现

随着科学技术水平的不断提升，在风景园林设计中也逐渐引进了一些新的技术手段，使其更加具有观赏性，同时也提高了风景园林的艺术价值。然而，对于风景园林的文化内涵的挖掘，单纯地依赖于新技术和新手段是不够的。只有真正了解了传统文化的精髓，才可以找到一条适合于自己特色的道路，创造出更优秀的作品。我们要将中国传统美学和造园学的理论与观念巧妙地融入风景园林设计中，并对其进行深入的剖析和研究，以继承传统、适应现代的方式，推动风景园林设计的更好发展。下面以西安市“秦咸阳宫国家遗址公园”的设计为例，探究中国传统美学思想在现代风景园林设计中所呈现的独特魅力。

（一）项目设计背景及现状美学分析

1. 项目区位

咸阳市位于陕西关中平原的心脏地带，南与西安市相连，东与铜川市和甘肃省庆阳市毗邻，西与宝鸡市毗邻。全市的总面积为 10196 平方千米，截止到 2021 年末，这里居住着人口 421.30 万。随着经济快速发展，城市化进程加快，城市功能不断增强，社会对基础设施要求越来越高，尤其是在交通和市政设施方面提出了更多更新更高标准。泾渭新区地处渭河以北、西咸北环线以南、西咸分界线以东，是西安国际化大都市重点发展区。区内地势平坦，土地资源充足。目前区内已初步形成了航空经济产业带、旅游休闲产业带、高新技术产业带等多产业一并向好发展的格局。未来，该区域将被打造成高新技术产业云集的临空产业园区，同时也是秦汉历史文化集聚区和西部地区的现代产业基地，有助于推动当地经济发展、基础设施建设。

泾渭新区南部，紧邻秦汉大道东侧，毗邻兰池大道北侧的地方，是基址所在之处。北依五陵遗址保护区，南滨渭河生态景观带。南行至横桥，可抵达汉长安城的所在地。交通便捷，区位优势明显，区内基础设施配套完善，产业基础雄厚，

旅游资源丰富。渭北商务发展带位于东西两侧，是泾渭新区乃至西安国际化大都市发展的核心区域。该规划基址位于秦时咸阳城的核心区，它是历史上秦朝的政治、经济和文化中心，具有重要的历史意义。秦汉文明的核心展示区的基址与其北部西汉帝陵群、渭水之南的汉长安城遗址、秦阿房宫遗址及临潼始皇陵共同构成了秦汉文明核心区不可或缺的重要部分。

2. 景观现状

在规划基址的内部，分布着多个村庄，这些村庄充满了浓郁的田园风情，但同时也展现出多样化的风格特色。在保护好原有地形地貌基础上，通过对不同类型建筑单体进行改造设计，使其成为可供人们活动或休闲的场所。在秦宫墙遗址的规划中，注重绿化种植，营造出独具特色的遗址风貌景观，同时保留少量林地，以铁路沿线的防护林地为主，使道路和铁路沿线形成相应的人工景观。整体上看，整个区域内植被覆盖较好。因为采用了铁路下穿的方式，所以形成了铁路涵洞景观，使道路贯穿其中。此外，在兰池大道与横桥的交会处，形成了一处立交桥，这些都是现代景观建设的成果。

（二）景观设计原则与目标

在遵循科学发展观的指引下，以“保护为主、抢救第一、合理利用、加强管理”为文物工作方针，对秦咸阳宫遗址进行科学、合理的统筹规划，确保其真实性和完整性得到有效的保护和延续，从而实现遗址保护与社会发展并重的目标，秦咸阳宫遗址景观设计要考虑到以下四点目标。

第一，经济目标。为促进泾渭新区城市经济的发展，我们将积极推进建设措施，刺激经济增长并开发利用秦都咸阳的无形资产，提升土地品质和价值，推动全新的城市经济增长点形成。以秦咸阳宫遗址为基础，引进一系列高端酒店、休闲娱乐和文化产业，构建一个充满秦风秦韵的商业区域。

第二，社会目标。促进多元文化的融合，推动文化产业的发展，从而提升该区域的凝聚力。营造充满生机的都市公共领域，促进社会各阶层之间的互动与交流。在秦咸阳宫遗址公园的支持下，我们致力于打造丰富多彩的休闲娱乐场所，以促进和谐交往为目标，打造一个充满活力的空间。

第三，生态目标。重建泾渭新区的滨水生态系统，打造低碳、节能、可持续发展的生态环境。在泾渭新区的核心地带，规划了一条南滨渭水生态景观廊道，与五陵遗址保护区相连，这将有助于将城市绿地与大遗址保护相融合，从而创造出一种全新的文物遗址保护模式。

第四，文化目标。保护和展示秦咸阳宫遗址，以塑造泾渭新区大秦文化形象为目标，从而塑造大秦文化品牌的形象。在全面保护秦咸阳城遗址的基础上，策划建设秦咸阳城考古遗址公园和咸阳博物院，借助遗址保护的力量，积极推动文化产业和旅游服务业的发展，从而打造一处彰显大秦文明的文化高地。

（三）中国传统美学观念在景观节点设计中的应用体现

1.入口区和秦轴的造园方式及美学分析

通过运用宫灯长廊和城墙造型来限定景区入口空间并引导步行游人进入景区，同时将入口区域连接为秦轴部分，采用带状串联几何形的布局手法，分布着秦风长廊、五霸广场、七雄广场、统一隧道、统一公园等多个大型景观节点。在秦轴式设计中采用“一轴两翼”结构形式，使其成为一个有机的系统而非简单的线性组织，让人感受到平衡的视觉之美。

秦轴部分的秦风长廊被划分为六个部分，以展现秦风秦韵为主要目标，长廊两侧设置了十处秦风碑刻，这些碑刻均由名家亲笔书写。秦风长廊与典故长廊相连，呈现出一条带状的布局，分为六个部分，主要用于反映战国时期秦国的历史事件。在长廊的两侧设置了六组电子屏幕展示系统，提高其可识别性。秦轴末端设有秦道广场，以展现秦代道路遗址的位置。秦风长廊和典故长廊及秦道广场的空间布局呈现出高度的连续性，从而确保了秦轴整体轴向上的无缝衔接。另外，通过对各景点及场景设计体现其空间形态特征。通过巧妙地运用多种技术元素，呈现出多样化的文化内涵，同时将虚拟遗址文化与遗址文物实体完美融合。

通过一条下穿式的隧道可抵达统一公园，该隧道采用下穿铁路的方式，形成了一个地下空间，内部以图文和三维投影的方式展示了秦扫六合的历史事件、纵横家的辩论场景以及当时的战争场面。位于秦轴北侧的统一公园，是中央步道的转折区，它承担着连接和协调三大功能区的重要职责，其中包括北入口迎宾广场、统一广场及博物馆广场三个部分。步道两侧设有休闲座椅和健身路径，并有音乐播放系统，为游客提供休憩娱乐场所。在步行广场上，设置了一座旱喷喷泉，通过宫灯步道与景区入口相连，同时宫灯步道与四条向水面延伸的行人步道交会，展现了秦韵十足的历史风情和壮美景观。在公交车站的入口处矗立着一座秦图腾的立体雕塑，它以独特的方式将游客引导至位于美玉广场的售票处。游客可以通过位于入口区西侧的车行入口，方便搭乘私家车或旅游大巴到达目的地。在景区的规划中，游客们会穿过水面上的迎宾桥，来到景区城门下，进入由树木和水面构成的迎宾花园。迎宾花园北侧有出两组地面玻璃展示窗口，呈现出秦代古道路独特的文化特征，让人直观感受到秦代的历史韵味。

五霸广场和七雄广场皆为秦轴整体的微小节点，其设计手法采用方圆结合的形态，局部以地面浮雕、独立圆雕和雕塑墙的方式，不仅展现了天圆地方的传统文化思想理念，更以具象的形体呈现了战国时期群雄并起的战争形势。另外，在展示的同时，还融合了游客休憩的多重功能，为其提供了全方位的服务体验。

作为入口秦轴区域的中心点，统一广场矗立着一座巨大的秦始皇雕塑，它也是整个遗址公园的最高点。围绕着秦始皇雕塑，设计有六条放射线，其中地面浮雕展示了始皇出巡的时间和路线，而放射线端点处的浮雕柱则标示了始皇出巡的目的地。始皇帝登基以来，历经六次巡视，体现了其勤勉的治国精神，从侧面表现出秦王朝对周边土地进行大规模开发的历史事实。在广场的中央，矗立着一座杜虎符雕塑，它的存在象征着秦国中央集权的军事制度；四个小型的统一平台环绕四周，以彰显始皇在货币、度量衡、文字和车轨等方面的卓越成就。

秦轴的整体设计形式汲取了西方风景园林设计美学的几何形体设计思路，以更符合现代人的游园观赏习惯为出发点，核心目的为具体文物及历史事件展示，运用几何造型呈现出更加清晰、更易于展示的效果。

2. 秦城的造园方式及美学分析

秦城是一处人工打造的景观区，其设计初衷在于再现秦都繁华的景象，让游客沉浸在这片土地特有的历史韵味中。该规划采用“一轴两翼”布局模式，将秦文化和历史建筑融入其中，使之成为城市公共空间重要组成部分。该作品以古风古韵为特色，通过严格参考秦汉画像砖中的院落机理，深入思考街市道路的布局和建筑物天际线错落的设计，呈现出一种独特的视觉美感。在此区域的景观设计中，街道美学得到了更加深入的体现，游客可以通过各种不同的方式感受到古今街道的差异，这里设计了各种参与性项目，使得每个人都能有不同的参与感受。

秦城地域广阔，总面积达到 34.3 公顷，其中包括大秦咸阳市、秦风虚拟体验社区、大秦游乐嘉年华、秦风民居体验园、大秦创意坊、名人文化园、秦风作坊体验园、水车园和东侧园林等多个景点。

在大秦咸阳市，以市亭为中心，沿着秦风景观大道南北两侧，规划了一系列充满秦风秦韵的市集、酒楼、客栈和茶馆店铺，形成了一幅街道景观，再现了秦都的繁荣景象。

秦风模拟体验社区以秦汉画像砖所呈现的秦汉居住建筑特色为蓝本，还原了秦代城市肌理，并在其中规划了大秦里坊，为游客提供内穿秦服、品尝秦味、使用秦币的体验活动，让他们仿佛穿越时空回到了古代。

秦风综合游乐区内，大秦游乐嘉年华精心策划了秦腔、蹴鞠斗鸡、投壶等富有秦文化特色的游戏和活动，同时在节假日举办蹴鞠表演赛和斗鸡大赛，为遗址公园内最具活力的区域增添了一抹亮丽的色彩。

在秦风民居体验园的建设中，采用了极富秦风特色的院落式民居设计，为游客提供了一个优雅的居住空间，同时也展示了秦民居文化的魅力。园区将历史建筑与民俗文化结合起来，涵盖了艺术家创作区、艺术交流中心、艺术餐厅、酒吧坊、艺术展览大厅和室外画廊等多个领域，为游客提供了多元化的文化创意服务。

水车园以都江堰、郑国渠、灵渠为代表的地面模拟水利工程，展现了秦代卓越的水利技艺。水车与农业生产密切相关。秦风作坊体验园是一个汇聚了秦代手工业展示和体验的综合性场所，提供了游览、娱乐和购物等多种服务。以“秦”字命名的古器物陈列馆则集中反映了秦国在生产生活中所取得的巨大成就，以及对人类社会发展产生的深远影响。在名人文化园中，大秦文化的精髓和传奇人物的风采得到了全方位的展示。游客可以通过参观蜡像、雕塑和参与历史故事演绎等多个项目来欣赏这些艺术形式的魅力。

无论是在西方还是东方，传统的风景园林设计并没有运用市井美学的手法。秦城通过仿古的手法，让现代人感受到传统市井文化的烟火气和秦时街景的盛况，这种仿古手法在现代的许多主题公园设计中都得到了体现。秦城节点的空间分析表明，街道景观是由建筑实体所围合而成的景观，为游客提供了舒适、有趣、多元化的活动场所。

秦城的美学设计体现在比例与尺度、韵律与对比的精细推敲中，美是一种和谐的关系，完整比例系统的街道空间更容易让大多数游览者和使用者产生积极感受及留下深刻印象，通过全方位的感官体验，游览者和使用者所感受到的不仅仅是视觉享受，更是远距离轮廓欣赏和近距离细节欣赏的完美融合。

第三节　建筑装饰设计中的中国传统美学

建筑装饰设计是一门复杂的综合学科，它涉及建筑学、社会学、民俗学、心理学、人体工程学、结构工程学、建筑物理学以及建筑材料学等学科，并且随着时代的发展，其内容和范围也在不断地变化和发展。现代建筑装饰设计已发展成为在现代工程学、现代美学和现代生活理念的指导下，通过空间的塑造以改善人们生活环境的一门学科，它的最终目标在于促进人类生活的和谐。

一、中国传统建筑装饰设计的美学特征

（一）中国传统建筑装饰概述

1. 中国传统建筑装饰基本概念

中华大地有着五千载波澜壮阔的历史，而在其漫长的发展历程中，文化的不断发展为建筑装饰注入了独具匠心的元素。我国作为一个文明古国，有着悠久的文明和灿烂的文化，建筑装饰则是其中最具有代表性的形式之一，它与人们生活息息相关，也体现着不同时期的社会、经济状况。中国传统建筑装饰以其独具匠心的魅力，成为世界各国装饰风格中的瑰宝，蕴含着中国文化的精髓。

中国传统建筑装饰所包含的元素和形式极为繁复多样，令人目不暇接。狭义的传统建筑装饰则专指在建筑外部所进行的装饰，它是对建筑外在形象的美化和修饰，主要包括建筑物的内外墙面、屋顶及门窗等部位。传统建筑装饰的广义范畴包括建筑物表面的装饰、周围环境的布置及室内的装饰，这三点共同构成了建筑装饰的要素。

在我国的传统建筑中，建筑装饰装修作为一种重要的艺术表达方式，具有不可替代的地位和作用。它通过对建筑材料、造型及色彩等方面的合理运用，来达到丰富室内空间环境的效果。建筑构件上的艺术处理手法，即建筑装饰，虽然不一定具备实用价值，也不会对建筑物的使用和结构造成任何影响，但其主要目的在于美化和装饰建筑物。建筑装饰与其他艺术形式一样，都是为满足人们对生活环境的要求而产生并发展起来的。该艺术作品的独特之处在于充分利用材料的质感和工艺特点，将其巧妙地融入加工过程中，呈现出令人惊叹的艺术效果。通过对建筑材料及其组合关系进行合理设计，使之成为有生命力的有机整体。将我国传统的绘画、雕刻、书法、色彩、图案、纹样等多种艺术元素巧妙地融合在一起，从而达到建筑性格与美感的协调。

2. 中国传统建筑装饰的起源

（1）源于对实用功能的追求

传统建筑装饰的主要目的体现在以下两个方面：一方面，在于营造一种优美的外观和内部空间的氛围，从而提升建筑的整体美感。另一方面，使被装饰的空间不仅满足于美观，更重要的是具有实用性。中国建筑装饰的演进历程中，实用性一直是其核心主题，人们对传统建筑装饰的传承与创新，为人们提供了越来越

舒适和谐的居住环境。随着社会的不断发展和进步，我国现代建筑装饰设计与传统工艺相结合，逐渐形成自己独特的风格，从最初的木构架结构到后来的砖石结构再到今天的砖混结构，每一种材料都发挥着不同作用，但最主要还是以实用为目的。在半地穴居住时，先人们常常会遇到室内空间潮湿阴冷的问题。为了应对这一挑战，人们采用了火烘烤地面或铺设泥土等手段，阻挡湿气和潮气。人们在后期对建筑材料的探索中，研究出吸水性强、使用寿命长、防滑耐磨的砖材。砖材可以使空间功能更加实用，同时与其他装饰材质相比更具优越性。除了室内的装饰，室外的装饰同样注重实用性。传统的墙体做法主要以黏土或砖瓦为主，随着时代的发展，这些材料已经不能适应现代建筑材料的要求，在建筑外立面采用土块堆砌的情况下，这种墙的缺陷在于其对风雨侵蚀的抵抗力较低。由于砖石材料大规模生产的推进，人们钻研出提升墙体抗侵蚀性的方法，如在外墙侧砌筑一面砖墙，这样极大地提升了其保障性，同时也满足了建筑外墙遮风挡雨的实用性。随着科学技术水平的提高及现代建筑材料和施工工艺的不断改进，建筑物越来越美观，使用年限不断延长，这就使得建筑室内装修成为一种必然现象，而室内装修又离不开建筑装饰。因为建筑装饰是在应对室内外居住环境等问题的过程中逐渐发展起来的，所以提高建筑空间的实用性是推动其发展的主要因素之一。

（2）对精神层面的追求

通过对实用功能的深入分析，我们可以发现，最初建筑装饰的初衷在于尽可能地满足人们日常生活和生产的需求。在漫长的历史过程中，随着社会文明程度的不断提高和物质文化水平的提升，人们逐渐开始追求精神上的享受，这就催生了建筑装饰。在古代社会，人们通过将贝壳和骨头制成的饰品用于装饰自己，展现自己的美丽，但随着时间的推移，人们发现这些装饰也能在居住环境中达到同样的效果，使空间更具美感和愉悦感。因此，建筑装饰应运而生，成为人们日常生活中常见的事物，人们对这种美感的需求也越来越强烈，这也推动了最初建筑装饰的发展。建筑的装饰不仅仅是一种装饰，更是一种将人们的期望和诉求寄托于建筑之上的艺术形式，它能够通过建筑装饰展现出户主的财富和地位，让人们感受到建筑与城市的魅力。

从上述分析可以得出结论，人们对实用功能和精神层面的追求推动了中国传统建筑装饰的发展，这也为我们提供了更加直观的建筑装饰认识。

（二）中国传统建筑装饰设计之美

1. 装饰性美

传统建筑的装饰并非独立存在，而是在建筑主体部分进行美学加工，来满足重要构件的实用功能，并将其转化为具有文化内涵和欣赏价值的装饰构件。举个例子，以中国古代建筑的门窗为例，北京乾清宫的宫门，红色调的大门上排列着一排又一排的门钉，大门中央还镶嵌着一对雕刻着兽类图案的门环，门框上的横木上则镶嵌着两颗或四颗门簪，有的是多角形，有的则是花瓣形，门框下面则刻有鸟兽等装饰图案的石头，这些石头看似是额外的装饰，但实际上它们与大门的构造息息相关，丰富了门的实用性。从另一个角度来看，它们可以提升大门的视觉美感，突显该地区的重要性。传统的建筑装饰手法，如精美的木雕、石雕或装饰图案等，常被运用于室内设计中，以体现传统建筑文化的底蕴和装饰效果，从而赋予建筑结构构件更高的艺术价值。

2. 寓意美与内涵美

在中国传统建筑的装饰中，许多图案和造型都蕴含着深刻的寓意和象征意义。其中最突出的就是吉祥纹样，它以独特的魅力吸引了无数文人墨客，成为他们心中永恒的创作母题。在我国古代的众多建筑设计中，常常采用雕刻或绘制图案的方式，以含蓄的方式传达吉祥、富贵、权势和地位等信息，表达古人对美好生活的向往，其中木雕、石雕装饰最为常见。在这些建筑装饰中，有些采用了谐音的方式来表达美好的寓意，如社旗山陕会馆照壁，其基部是由青石制成的须弥座，上面雕刻着艺术变形的“寿”字和蝙蝠图案，寓意着“福寿双全”。还有一些装饰图案可以直接表达，如牡丹、竹、珍禽异兽等，这些图案大多蕴含着吉祥、富贵、正直、长寿等深刻内涵。另外，还有一些象征权力和财富的图形，如狮、虎、羊等形象。在建筑装饰中，古代宫廷和大殿的横梁和柱子栏杆上，雕刻着龙、凤、麒麟等图案，这些图案象征着皇家的尊贵和权势，显示着他们在社会中的地位。在我们的印象中，龙常被视为皇帝的象征，因此在宫廷的重要场合，我们可以看到各种龙的形态被运用在很多地方，彰显统治者的至高无上地位。另外一些建筑物上还会出现“龙飞凤舞”的纹饰，表现出帝王对自己权力的追求及皇家威严。例如，紫禁城的建筑风格呈现出黄色和红色两种色彩，黄色象征着皇权的威严，而红色则寓意着国家的繁荣昌盛和风调雨顺之象。宫殿内部则以白色为主色调，代表吉祥平安。天坛的祈年殿为一座具有鎏金宝顶的三重檐的圆形大殿，其屋檐呈现出深邃的蓝色，覆盖着琉璃瓦，蓝色象征着天空的无限广袤。在我国民间，人们常常以建筑物本身的颜色作为标志和区别不同阶层的方法之一。不仅仅是皇家贵族，就连徽商、晋商所居住的富宅也会以此装饰自己的宅邸，区分他们与皇室、平民百姓的差异。他们的住宅不像宫廷那样对称规矩，也不像普通居民那样简单朴实，而是经常使用寓意多子多寿、吉祥如意、财源广进等象征意义的物品进行装饰。

3. 色彩美

早期室内建筑装饰色彩的本质属性在于其所选用的建筑材料所呈现出的最原始色彩。在我国古代传统民居中，大量运用天然颜料作为墙面和地面装饰材料，其历史悠久且影响深远。随着建筑艺术的不断创新和发展，越来越多的建筑装饰师开始对自然颜料产生浓厚兴趣。建筑装饰色彩作为一门新兴边缘学科，正日益显示出强大生命力。在建筑装饰色彩的应用中，色彩从最初以追求种族繁衍为目的的功利化倾向，逐渐演变为以保护原材料为宗旨，最终演变为以纯粹的室内装饰为基本目的。随着人类社会文明进程的推进与进步，建筑装饰色彩也从最初单纯强调实用性和装饰性发展到今天具有丰富内涵的艺术性表达，并最终走向多元化的趋势。我国传统的室内装饰，或浓烈有激情，或淡雅朴实，皆彰显出建筑装饰层面上色彩的多元化。例如，只要看到中国传统的“大红色”，就容易联想到重大节日的喜气洋洋、热热闹闹中，其中蕴含着源远流长的艺术底蕴，同时也蕴含着深厚的文化底蕴和独特的文化魅力。青花瓷中的蓝色被誉为“中国蓝”，这是中国陶瓷文明与中华文明和谐共生、相互促进的重要标志。青花瓷作为一种特殊的釉上彩瓷品种，有着悠久的历史和丰富的内涵，具有鲜明的民族风格。青花瓷，作为瓷器文化的杰出代表和杰作，被誉为陶瓷手工业的卓越之作。青花瓷不仅具有独特的艺术风格，也体现出深厚的历史文化底蕴。青花瓷在我国艺术领域富有强大的精神影响力，赋予了蓝色一种独特的中国风意蕴，成为历代家居装饰中生动的“中国风”表现。在现代室内设计中，人们对室内陈设品颜色的选择越来越讲究，而作为室内装饰重要元素之一的居室色彩更是受到了广泛关注。在我国的传统家居装饰中，明黄色是一种常见的色彩点缀，而在当代家居色彩应用中，土黄和琉璃黄的灵活运用已经成为一种趋势。在建筑艺术领域中，也常应用中国传统的水墨黑和玉脂白，我国传统的黑色并不是完全意义上的纯黑色，而是以具有平稳性能的深色或重色，其中代表的色彩是水墨黑。从历史发展过程来看，“羊脂玉”一直都作为一种特殊的材料使用，其具有很高的商业价值和审美价值，它象征着吉祥如意、大吉大利，其洁白的色泽更是生动艺术化的“中国白”。同时，作为陶瓷艺术的重要组成部分之一，它也具有极高的艺术性和观赏性。归纳而言，中国红、青花蓝、琉璃黄、水墨黑与玉脂白多种颜色相互交融，共同塑造了我国传统装饰色彩的典型风格。

4. 装饰美和构造美和谐统一

一座住宅的主体结构建成，可以说是仅完成了其功能部分的建设。要想完成审美部分的另一半，需要通过精心的装饰营造出独特的艺术氛围。装饰艺术在建筑设计中占有重要地位。在建造过程中，门窗、屋顶、墙壁、地面、檐口、柱础、脊饰等众多建筑细节都是不可或缺的元素，工匠们不仅在合理性方面进行了充分的考虑，还进行了精细的美学加工，将单调的部分转化为具有欣赏价值的部分，从而提升了建筑的美学价值。装饰和构造是建筑艺术重要组成部分，它们共同构成建筑物整体美。归纳而言，塑造现代建筑装饰美和构造美的手法大致可分为三种：第一，通过改变局部空间的感觉，注入新的元素，例如，在传统建筑中，最常见的、美学质量较高的室内隔断形式是隔扇门的变体，如在隔心部分添加装饰图案、雕饰和字画幅等元素，从而形成丰富多彩的内部隔扇门或屏门。通过巧妙的花格门窗图案，室内隔断墙体形成了一道空透的装饰网，使得分隔物不断地被隔开，形成了一种空透的效果。这些传统形式之所以会产生美感，全在于它们可生成各种不同的虚实对比关系，产生不同的空间分隔感。第二，形成图案组织的美感，有些还是立体图案，如传统建筑中门窗棂格的图案处理上，在图案的选择上有海棠纹、十字如意、葵式乱纹图案、梅竹、圆寿字等。第三，附加雕刻处理，如在传统建筑装饰中常见的木雕、石雕、砖雕及竹雕。

二、中国传统美学思想在现代建筑装饰设计中的体现

（一）汉字在现代建筑装饰设计中的运用

在国际范围内，汉字作为一种历史悠久的文字，不仅是一种文化现象，更是一种具有独特美学意义的文化符号。汉字不仅是记录汉语词汇与语法信息的工具，同时还是我国古代艺术审美意识和精神内涵的集中体现。汉字以其流畅的线条、舒展的结构和变化的结构，呈现出一种独特的意境，这种意境不同于图画，也不是简单的直角和直棱，而是由形象化的曲线构成的，这也是中国传统美学思想的重要体现。它所蕴含的审美价值不仅是我们今天欣赏和研究书法、绘画等艺术形式的基础，而且对于当代人们了解自身民族的精神内涵有着积极的作用。

传统的汉字室内装饰常以对联、匾额等形式呈现出正面、庄重的视觉效果；而现代室内汉字装饰则可在天花、立面，甚至地面上呈现出活泼、多变、跳跃等丰富多彩的室内装饰效果。

汉字的设计理念既精妙又朴素，它实际上是由“点”和“画”两种元素构成的，在“永字八法”中，不同的笔画样式可以被视为“点”和“画”在不同位置和样式上的差异，但其结构方式却是极其丰富、无限且有规律可循的。从某种意义上来说，汉字在其自身发展过程当中就是一部由简单到复杂、由点到面、由表及里的演进史。此外，汉字所蕴含的中华民族特有的思维模式和习惯，是传统文化的核心所在。如何将这些具有本民族传统美学思想的汉字融入自己的设计中，创造出充满个性的建筑空间，这或许是每一位设计师所需要领悟、理解和传承的。

（二）传统装饰纹样在现代建筑装饰设计中的运用

我国传统的装饰纹样，从形象或装饰意向的角度来看，主要有动物、瑞兽、植物、人物、风景和几何等图案形态。它们大多是以自然界中的生物作为原型而形成，其造型特征主要是夸张变形和具象化处理。这些纹饰所呈现的并非自然属性的简单描绘，而是强调理性观念的具象形态，蕴含着独特的象征意义。在表现上有具象与抽象之分，并通过一定的形式表达出某种情感。在表现手法方面，我们可以将其归纳为谐音、寓意和符号三个方向。吉祥意趣是其主要内容之一，也是常见的表现形式。谐音，是借音来表达意思的方法。以一件物品或一组画面为媒介，隐含着美好的寓意。符号，则以图形来表达某种含义。在民间美术创作中，符号被视为个体意识和集体意识的统一，而集体意识是一种源远流长的集体心智，它通过主体的实践活动渗透到客体中，导致那些与人的切身利益相关的客观对象逐渐被固定为观念的替代物，成为一种特定的符号。

中国传统的装饰图案所蕴含的“意”，是人们对其造型着迷的关键，也是精神文化的体现。从心理学角度看，装饰图案与人的心理活动密切相关。从美学的角度来看，任何时期的装饰图案都是民族文化精神特质的生动体现。从图像学或符号学的视角来看，装饰图案的真正价值在于它的象征意义，这种意义不仅仅是一种装饰，更是一种象征、一种文化的表达。它既能表达人们对美好的憧憬，又能体现人们的审美情趣。无论是古代还是现代，人们都怀揣着对美好事物的向往，因此，传统纹样所蕴含的吉祥寓意也同样适用于现代建筑装饰设计。在现代装饰艺术领域，传统纹样是取之不尽用之不竭的灵感源泉，它不仅有很强的实用性和审美性，而且有着深厚的历史文化底蕴。在我们的日常生活中，无处不显现着那些古为今用、不断创新的佳作。比如，落成于 1982 年的北京香山饭店，就是建筑装饰艺术的一个成功典范。在这座清代皇家园囿中，设计者贝聿铭并未采用传统的玻璃瓦大屋顶，而是将江南民居和传统庭园中的多种装饰元素与现代形式完美融合，呈现出一种独特的建筑风格。

当然，新建筑汲取了中国传统建筑中蕴含的观念、意识和心理等方面的元素。随着现代材料、观念的不断更新，以及中国与世界的交流发展，应当以理性的态度将传统装饰符号的精神元素融入现代设计中，将中国传统文化艺术融入现代设计中，从而创造出全新的民族建筑装饰设计艺术形式，并以现代的国际语言来表达中国传统文化的精髓。

第四节　城市环境设计中的中国传统美学

一、现代城市环境艺术设计与中国元素结合的原则

（一）保留碎片，延续城市记忆

城市记忆并不是城市环境中可以感知的客观存在的物体，而是人们凭借自己的经历对城市形成的一种城市意象在记忆中的呈现。城市记忆不讨论短时间内一个城市的表象记忆，而是更加关注城市在发展进程中一个较长时间段里形成的城市记忆，它是一种延续演变的记忆系统。

城市记忆属于情感体验的范畴，它的一个很重要的作用就是维系城市的成长逻辑。就像一个人的人生经历一样，它必定是按照时间先后顺序来产生一系列记忆的。改朝换代与城市的发展改造是不可避免的，但是我们必须在发展过程中保证这个城市的记忆不被人为中断。有记忆保存的城市，才能向所有人展示它从起源到各历史进程的种种经历，表现出它与其他城市不同的风貌和气质。

从另一个角度来说，城市记忆也不能成为城市发展改造的负担。如今优秀的城市环境设计，一方面要是具有中国元素的，另一方面要是具有现代性的。城市记忆是一种隐形的东西，它必须通过客观存在的物体才能表现出来。城市中的建筑、景观构筑物、风俗习惯就是这样一个载体。在现代的城市设计中，需要反对的是通过复古的、简单重现的手法来保持城市记忆。城市环境的实体部分作为承载城市记忆的载体，是可以通过分解和构成、有意义的保护、折射、聚焦等手段起到为记忆保存信息这一作用的。

（二）挖掘传统背后所蕴含的思想内涵

人有超越自然世界的一面，那就是文化的世界。中国元素不仅仅有丰富的外在形式语言，这些被符号化的元素在它们外在表现形式的背后也蕴含着深层次的文化含义。现代城市环境艺术运用中国元素很重要的一个基础是要了解它内在的深刻思想内涵，这才是对中国元素运用的最有力的支撑。

从一定意义上说，城市环境是文化思想内涵的载体，是思想内涵的物化的表现形式。反过来说，文化思想内涵也会影响城市环境的表现形式。而城市环境又可以分为显性表现形式和隐性表现形式两种：显性表现形式是指城市所呈现出来的具体的形式状态，如城市公园、滨水步道，河岸景观等。而隐性的城市环境是不被具体呈现出来的，需要被诠释、被感知的，如生活状态、风俗习惯等；城市环境是受到文化思想内涵的影响，通过人们对生存环境的改造所表现出来的显性和隐性状态的集合。

文化思想内涵是能够体现一个城市的精神面貌的。中华文化延续几千年，虽然历经社会变迁，但是它很多科学合理的部分至今都在现代的设计中发挥着实用价值，也对我们的价值观、审美观产生深刻的影响。有特色的文化内涵是可以塑造城市环境的，这些城市环境也构成了人们心中的城市形象。

（三）不是简单的复古和再现

我们发现，不管是距今多久的古代中国人留下来的文物，或是还保留到现在的古代建筑，它们不管是从符号、主题和装饰上总有一些恒常不变的元素，这些元素都表现出浓厚的中国风格。但是尽管它们通常风格一致，考古学家或是研究历史的专业人员总能辨别出它们是来自哪个时代的。因为纵观历史，虽然中国的艺术作品都会沿袭一些骨子里属于中国的元素，但是它们的形式语言和表现方式，在不同的社会时期因为审美的差异、新工艺材料的出现、生存环境的变动、施工技艺的进步产生变化，这个变化都会直观地反映在现代的产物上。所以，它们所表现出来的显著差异，就是设计必然具有的时代性。

现代设计对中国元素的运用已经不能够只进行简单的复古和再现了，它在这个不同的时代里被应用就必然面对着改变。它需要通过更新、重构、再生长适应这个新的社会，借助现代的语言和手法来形成新的视觉形象和功能构造。在设计中要体现中国元素，单纯地靠简单的复古和再现传统是徒劳无功的，它需要的是加工、改造和创新的过程。这个过程除了依靠艺术设计手段，更要注意把握的是营造中国特色的城市意象和生活场景，在设计中注重参与性体验和过程及人与自然的和谐。

二、现代城市环境艺术设计与中国元素结合的语言表达

（一）形态

如果说城市环境艺术是一个城市表现出来的外在艺术特征，那么城市形态则是城市环境中符合人们行为和心理特征的功能要求。每个城市环境艺术设计过程都是经过理性分析—感性思维—形象思维，然后才产生形态的。但是形态的产生是经过人们生活足迹的反复修改，并受地域、气候、社会、历史、风俗的影响而形成的，是动态平衡的结果。

（二）色彩

具体到城市环境设计中，色彩是作为“空间”的三维概念存在的，而且不同于其他艺术设计作品。城市环境艺术设计中，大多是以植物为主要造景要素的，所以很多城市环境艺术设计作品都以植物的颜色为主要色调。然而，城市环境中其他造景要素，包括硬质景观中的铺地、亭台，水域等，对于城市整体环境效果而言，都处于举足轻重的地位。这个时候，在面积上占主导地位的植物的色彩反倒退而成为背景色。

无论是以植物的颜色为主还是以硬质景观的色彩为主，最重要的还是需要考虑使用者看待色彩文化的角度，正是因为不同的使用者和不同文化差异的存在，才使得我们需要深入研究城市环境色彩。为了深化研究城市环境中色彩部分，我们需要从文化层面挖掘色彩的使用内涵，以色彩来体现文化价值。

色彩是凝固的文化，每个场所都是具有色彩识别性的。不管我们的城市、街道经历过多少变革，文化的色彩已经牢牢印在大众的心中。对于城市建设色彩的把握要能体现当地的、民族的气质。如此，城市环境色彩才能成为记录场所个性的载体。

（三）材质

当我们手捧着明代的青花瓷时，当我们倚坐在水乡的石拱桥上时，当我们手提大红灯笼走在青石板巷上时，脑海里将联想出怎么样的画面？这些带有浓浓中国味的材质里又承载着怎样的故事？

材质无疑是容易让人产生无限联想的载体，玻璃、混凝土让人感受到现代的

气息，而石材、木头、纸张等，能给人带来亲切、自然、质朴之感。好的设计能赋予空间感知和想象能力，通过不同材质的运用，可以表达出与其对应的不同的环境氛围和场所形象。

比如，竹子以其独有的谦谦君子之风赢得中国文人墨客、士大夫的喜爱，他们不知从什么时候起就与竹子结下了不解之缘，竹也是士大夫思想意识里有德行的君子贤人的化身。在我国很多文学作品中，竹子清丽俊逸、挺拔凌云的姿态象征着人的道德修养、素养境界，它代表着宁静、洒脱、自然的风度和君子情怀。如果将竹子这种材质运用到现代的设计中去，那它一定是能表现中国韵味的经典之选。

出色的设计总是离不开恰当的材质，材质和设计的相互配合、相互提升能渲染出强烈的空间氛围感受，引导人们去细细体会，让人心生感动而回味不已。

参考文献

[1] 欧阳磊．阐释与解读：环境艺术设计新探 [M]. 长春：吉林出版集团股份有限公司，2020.
[2] 王东辉．环境艺术设计手绘表现技法 [M]. 沈阳：辽宁美术出版社，2020.
[3] 王萍，董辅川．环境艺术设计手册 [M]. 北京：清华大学出版社，2020.
[4] 罗媛媛．环境艺术设计创新实践研究 [M]. 北京：现代出版社，2019.
[5] 孟晓军．基于多维领域环境艺术设计 [M]. 长春：吉林美术出版社，2019.
[6] 水源，甘露．环境艺术设计基础与表现研究 [M]. 北京：北京工业大学出版社，2019.
[7] 俞洁．环境艺术设计理论和实践研究 [M]. 北京：北京工业大学出版社，2019.
[8] 李楠，任杰，郭丽娟．审美视角下环境艺术设计的多维研究 [M]. 北京：北京工业大学出版社，2019.
[9] 张艳河．设计美学 [M]. 北京：中国纺织出版社，2018.
[10] 王维理．现代城市建设中的环境艺术设计研究 [J]. 美与时代（城市版），2022（8）：74-76.
[11] 李倩．装饰性艺术美学在环境艺术设计中的运用 [J]. 建筑结构，2022，52（16）：150-151.
[12] 孙继国，张崔潇，侯梅雪．设计美学特征在环境艺术设计作品中的兼容 [J]. 美术教育研究，2022（2）：74-75.
[13] 曾福敏．城市内部环境艺术设计的美学特征及美学水平的提升策略 [J]. 化纤与纺织技术，2021，50（9）：136-138.
[14] 何林蔚．环境艺术设计美学思考 [J]. 湖北农机化，2019（23）：47-48.
[15] 李琼．浅谈环境艺术设计教学中对设计美学的思考 [J]. 轻纺工业与技术，2019，48（9）：36-37.
[16] 于文汇．设计美学及审美要素与环境艺术设计联动性的研究 [J]. 艺术教育，2019（1）：186-187.

[17] 宋燕 . 当代城市环境艺术设计的美学审思 [J]. 现代园艺，2018（20）：103-104.
[18] 康凯 . 基于美学理念的室内环境艺术设计 [J]. 开封教育学院学报，2016，36（07）：255-256.
[19] 于宗贺 . 数字化手段运用于环境艺术设计剖析虚拟美学 [J]. 美术教育研究，2015（10）：159.
[20] 张文霞 . 环境艺术概念设计中的动态表现研究 [D]. 重庆：西南大学，2021.
[21] 张恩华 . 砖雕艺术在现代环境艺术设计中的运用 [D]. 西安：西安工程大学，2019.
[22] 曹洪玉 . 中国古代“环境艺术”设计语言研究 [D]. 延吉：延边大学，2017.
[23] 张蕾 . 室内环境艺术设计中环境心理学的运用研究 [D]. 合肥：安徽建筑大学，2017.
[24] 王思懿 . 浅谈环境艺术设计的经济价值 [D]. 长春：东北师范大学，2016.
[25] 康萌萌 . 环境艺术设计中感官体验的应用研究 [D]. 海口：海南大学，2016.
[26] 张晓 . 现代与传统的融合 [D]. 石家庄：河北师范大学，2014.
[27] 潘怡 . 当代环境设计中色彩运用的新观念及美学意义 [D]. 北京：中国美术学院，2009.
[28] 刘为力 . 古树文化与环境艺术设计 [D]. 长沙：湖南大学，2008.
[29] 于冬波 . 生态城市规划中环境艺术设计的研究 [D]. 长春：东北师范大学，2006.